水稻线虫病害的发生与综合治理

◎ 黄文坤　彭德良　编著

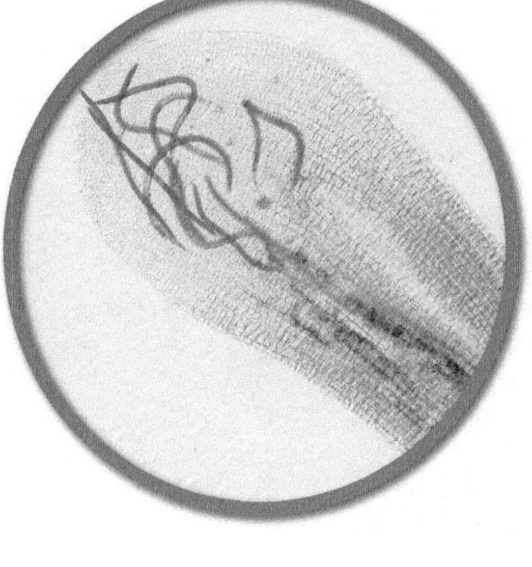

中国农业科学技术出版社

图书在版编目（CIP）数据

水稻线虫病害的发生与综合治理／黄文坤，彭德良编著．—北京：中国农业科学技术出版社，2018．2

ISBN 978-7-5116-3502-0

Ⅰ．①水…　Ⅱ．①黄…②彭…　Ⅲ．①稻-线虫病害-病虫害防治　Ⅳ．①S435．11

中国版本图书馆 CIP 数据核字（2018）第 020189 号

责任编辑　姚　欢
责任校对　贾海霞

出 版 者　中国农业科学技术出版社
北京市中关村南大街 12 号　邮编：100081
电　　话　（010）82106631（编辑室）　（010）82109702（发行部）
（010）82109709（读者服务部）
传　　真　（010）82106631
网　　址　http：//www.castp.cn
经 销 者　各地新华书店
印 刷 者　北京建宏印刷有限公司
开　　本　710mm×1 000mm　1/16
印　　张　10
字　　数　200 千字
版　　次　2018 年 2 月第 1 版　2019 年 1 月第 2 次印刷
定　　价　40．00 元

《水稻线虫病害的发生与综合治理》

编著者名单

主 编 著： 黄文坤　中国农业科学院植物保护研究所

彭德良　中国农业科学院植物保护研究所

编著成员：（按姓氏笔画排列）

丁　中　湖南农业大学

王高峰　华中农业大学

孔令安　中国农业科学院植物保护研究所

龙海波　中国热带农业科学院

叶姗姗　湖南农业大学

冯推紫　中国热带农业科学院

向　超　中国农业科学院植物保护研究所

杨　芳　四川省农业科学院

肖炎农　华中农业大学

姬红丽　四川省农业科学院

彭　焕　中国农业科学院植物保护研究所

谢家廉　四川省农业科学院

裴月令　中国热带农业科学院

前　言

水稻是世界主要粮食作物之一，除食用外，工业上还可用于制作淀粉、酿酒、制醋，米糠可制糖、榨油、提取糠醛。稻秆为良好饲料，也是造纸原料和编织材料，谷芽和稻根可供药用。我国是世界上水稻播种面积第二、稻谷产量第一的国家，杂交水稻的种植面积已超过 $3\times10^7hm^2$，年产量超过 $2\times10^{11}kg$。中国的杂交水稻具有抗高温、抗病虫、抗倒伏、需肥量少、产量高等特点，可以满足东南亚温热的气候环境，在“一带一路”沿线国家具有广阔的潜在市场。截至2017年年底，我国已在“一带一路”沿线国家援建了20多个农业基础示范中心，帮助提高杂交水稻育制种和栽培水平。

植物寄生线虫能寄生于植物的各种组织，使植物发育不良，并且在感染寄主的同时会传播其他植物病原，造成植物出现疾病症状。迄今为止已发现为害水稻的植物寄生线虫有根结线虫、孢囊线虫、干尖线虫、茎线虫、潜根线虫等。水稻线虫病是水稻生产上的重要病害，在我国及东南亚一带发生种类多、分布范围广，严重威胁水稻生产安全。线虫在旱稻、灌溉地水稻、低洼地水稻及苗床上均可为害，一般可造成产量损失10%~20%，在发生严重地区产量损失高达80%甚至需要重新改种。目前，防治水稻线虫病害主要通过化学防治方法，在水稻浸种时使用化学杀线虫剂拌种，或在育苗期使用化学杀线虫剂浸秧。但是，杀线虫剂成本较高，且对环境及人体健康的负面影响较大。种植抗病品种是防治水稻线虫病害最经济有效的措施，但由于抗性品种产量较低，农艺性状差，且长期使用单一抗性的品种容易导致水稻对线虫病害的抗性丧失，从而限制了抗性品种在生产上的应用。因此，探索环境友好型的绿色综合防控技术治理水稻线虫病害，成为近几年研究的热点。鉴于水稻生产实践中存在的线虫病害防治问题以及水稻现代种植模式对病虫害防治提出的新要求，结合国家对农业生产提出的“一控两减三基本”目标要求，笔者在总结水稻线虫病害综合治理新成果和生产实践新经验的基础上，编写了本书。

本书的编写得到了国家自然科学基金面上项目“硅诱导水稻防御拟禾本科根结线虫侵入的生理生化与分子机制（31571986）”、公益性行业科研专项“作物孢囊线虫控制技术方案（201503114）”、国家重点基础研究发展计划（973 计划）项目“作物对线虫侵染的应答机制（2013CB127502）”的资助。书中概述了我国水稻主要线虫病害发生为害的现状及综合治理中存在的问题，分章节详细介绍了水稻根结线虫、旱稻孢囊线虫、水稻干尖线虫、水稻茎线虫、水稻潜根线虫的发生与分布、为害症状，以及产量损失、检测方法及防控技术等。

本书适合于从事植物保护、动植物检疫、农业技术推广等领域的科研人员、大中专院校师生、行政管理人员以及水稻种植等领域的人员使用。

本书的编写得到了有关领导、专家的关心和支持，在编写过程中也参阅了大量相关人员的文献资料，对此一并表示诚挚的感谢！由于时间仓促、编者水平有限，书中可能存在不当或错误之处，恳请批评指正。

编著者

2018 年 1 月于北京

目　录

概述　水稻主要线虫病害的发生与为害

水稻是世界上消费量最高的谷类食物，特别是热带和亚热带地区如亚洲和非洲等地，人均每年消费 100kg 以上（Seck *et al.*，2012）。水稻大部分种植在东南亚地区，约占全球 90%的产量，但在一些重要的水稻生产地也有种植，如非洲的埃及和撒哈拉沙漠以南地区，美洲的巴西和美国等。统计结果表明，全球每年水稻总产量约 7.2×10^8t（FAO，2011）。水稻适应的气候条件广，从低洼的河流三角洲到山区地带均可生长，根据水稻对水的需求特性可分为：灌溉稻、深水稻、雨灌稻，旱稻等。在亚洲灌溉稻种植较多，而非洲主要以旱稻为主。

近些年来，由于栽培方式向节水农业方向转变，土传病害（包括线虫）发生为害日益加重，全球每年因植物寄生线虫为害造成的水稻产量损失在 10%~25%（Bridge *et al.*，2005）。尽管线虫因体积小难以被发现，但因为缺少有效的控制措施，线虫的寄生对热带和亚热带地区的水稻产生了很大的不利影响（De Waele & Elsen，2007）。据 Fortuner 和 Merny（1979）统计，为害水稻的植物寄生线虫约有 100 多种。线虫的发生主要与当地的水稻栽培措施有关，如适于淹水条件的水稻潜根线虫（*Hirschmanniella oryzae*）、拟禾本科根结线虫（*Meloidogyne graminicola*）和南方根结线虫（*Meloidogyne incognita*）在旱稻和水稻田均能普遍发生。本书重点介绍了几种为害特别严重且研究较多的水稻寄生线虫的生活史、田间为害症状和预期产量损失，提出了常用的综合控制措施，以期对有效治理水稻线虫病害提供帮助。

线虫造成的经济损失约有一半来源于两种作物：水稻和玉米，主要是因为这两种作物在世界范围内普遍种植（Kyndt *et al.*，2014）。然而，线虫专家们很少研究这两种作物。本书重点介绍了水稻中发生为害比较普遍的 6 种线虫，其中 4 种位列分子植物病理研究较多的 10 种线虫名录中，分别是根结线虫、孢囊线虫、根腐线虫、干尖线虫。除为害水稻外，许多水稻寄生线虫还可以为害其他禾本科植物，如玉米、高粱、大麦、甘蔗（Bridge *et al.*，2015）。

1. 根结线虫（Root knot nematode）

根结线虫是为害水稻根部造成产量损失最严重的线虫之一。水稻拟禾本科根结线虫和南方根结线虫可导致水稻产量损失达70%，发生严重地方甚至需要重新播种。研究数据表明，根结线虫可影响秧田和大田的水稻株高、分蘖、苗重、根重及叶面积指数等，从而导致水稻生长发育不良（Bimpong *et al.*，2010）。根结线虫的2龄幼虫从根部延长区侵入后到达维管束，诱导形成典型的巨细胞，从而使根结线虫从巨细胞中汲取营养（Gheysen & Mitchum，2011）。根结线虫的分泌物导致水稻细胞增生，在根部外面形成肉眼可见的钩状根结。

在缺水地区（如印度和东南亚）种植的旱稻及夏季的雨灌稻等，对拟禾本科根结线虫特别感病（Prot & Matias，1995；Soriano & Reversat，2003）。水稻栽培品种对拟禾本科根结线虫的耐受水平跟水的管理有很大关系。如果土壤干旱和灌水情况交替出现，通常只有在干燥条件下线虫才能侵入水稻根部，因此管理好灌溉水可以有效地减轻线虫的为害。干旱条件持续的时间直接影响根结线虫的潜在为害，移栽后持续淹水可以阻止线虫侵入水稻根部（Soriano & Reversat，2003）。

拟禾本科根结线虫能够引起黄化、矮化、减少分蘖、成熟变晚、根部形成钩状根结，造成水稻减产。幼虫侵入水稻根部后，要在根结内发育几个虫态，2~3周后即可完成生活史，主要取决于当时的温度和灌溉条件（Bridge *et al.*，2005；Fernandez *et al.*，2013）。该线虫能够很好地适应灌溉条件，是因为这种线虫不但能在淹水条件下存活，而且能够在根内产卵、孵化、迁移并形成新的根结（Bridge & Page，1982；FAO，2011）。

南方根结线虫在灌溉种植系统中为害比较严重，特别是非洲国家，如埃及、尼日利亚，科特迪瓦等（Fortuner & Merny，1979）。南方根结线虫可以造成分蘖减少、熟期延迟、产量降低。然而，很多人质疑这种线虫的影响，因为它们在淹水条件下易感水稻但不能在水稻生长季持续为害，除非有其他寄主存在

(Fortuner & Merny，1979)。目前还没有该线虫为害的田间症状相关报道。与拟禾本科根结线虫不同的是，南方根结线虫的根结不是钩状，雌虫将卵产在根的表面。

2. 孢囊线虫（Cyst nematode）

孢囊线虫可以侵染旱稻和水稻，主要有4种：旱稻孢囊线虫（*Heterodera elachista*）、拟水稻孢囊线虫（*Heterodera oryzicola*）、水稻孢囊线虫（*Heterodera oryzae*）、甘蔗孢囊线虫（*Heterodera sacchari*）(Barker *et al.*，1998；Luc & Merny，1963)。孢囊线虫的地理传播非常有限，如拟水稻孢囊线虫仅在印度有报道(Jayaprakash & Rao，1982)，所以它们的经济重要性只在印度地区显得重要。旱稻孢囊线虫最初只在日本报道有发生，但最近在中国和意大利也有报道，甘蔗孢囊线虫通常在非洲西部发生（De Luca *et al.*，2013；Ding *et al.*，2012；Plowright *et al.*，1999)。孢囊线虫的2龄幼虫侵入水稻根部，然后向维管束组织移动，并诱导形成合胞体，建立取食位点。合胞体这种大型的多细胞是通过逐渐扩大胞间连丝、降解细胞壁，使相邻的原生质体融合而形成。合胞体逐渐将数百个细胞融合在一起，线虫从中汲取营养后完成长约4周的生活史（Jayaprakash & Rao，1982)。在完成4个虫态后，雌虫将卵产在体内，突破植物体壁后在根表形成褐色的孢囊。孢囊线虫为害的症状包括黄化、变色、根部坏死、生长变慢、分蘖减少、提前抽穗、瘪粒增加等（Coyne & Plowright，2000)。据报道，拟水稻孢囊线虫的产量损失可达42%。在甘蔗孢囊线虫为害后也发现同样的产量损失，但旱稻比水稻受害更加严重。

3. 水稻潜根线虫（Rice Root Nematode）

全球稻田中约58%的根线虫属于潜根属（*Hirschmanniella*)，可以导致水稻减产25%。其中最重要的是迁移性的水稻潜根线虫（*Hirschmanniella oryzae*)，可以造成水稻矮化、分蘖减少60%（Karakas，2004)。通常在虫口密度比较低的时候，只在地下部分表现症状，如变色、坏死、腐烂等比较突出，但有经验的人可以发现植株变小。许多杂草是潜根线虫的寄主，从而成为水稻栽培过程中的侵染源（Anwar *et al.*，2011）。稻田中的线虫主要随灌溉水进行传播，这种迁移性线虫处于任何一种生活史均可侵入水稻的根。一旦进入根内，潜根线虫可以通过皮层进行移动，通过植物细胞进行取食，造成大量的空腔和坏死，使根更易于二次侵染。侵入几天后，雌虫产卵，4~5 天后孵化。线虫通过有性繁殖方式进行种群繁殖，适宜条件下完成生活史大约需要 1 个月。像水稻拟禾本科根结线虫一样，水稻潜根线虫是为数不多的能在缺氧环境中生存的线虫。从世界范围来看，该线虫是长期淹水的水稻生长期间发生最普遍的线虫（Bridge *et al.*，2005；Prot & Rahman，1994），也是季风雨造成的淹水水稻种植区的重要病原线虫（Maung *et al.*，2010）。

4. 根腐线虫（Root-Lesion Nematode）

根腐线虫（*Pratylenchus* spp.）这种迁移性线虫也通常在水稻种植区发生。根腐线虫通常在非洲的旱稻中报道较多，但在南美和东南亚也有报道（Bridge *et al.*，2005）。根腐线虫的生活史与上面提到的潜根线虫相类似。地上部症状主要表现为矮化、变色、萎蔫。使用杀线虫剂防治后，即使线虫的种群密度较低，水稻的产量也可提高 13%~29%（Plowright *et al.*，1990）。

5. 干尖线虫（Aphelenchoides besseyi）

干尖线虫是引起水稻白尖病的全球范围内水稻种植区均可发生的一种叶部病原物。这种靠种子传播的线虫病害造成的经济损失在不同国家或地区差别较大。分蘖期该线虫主要是外寄生，在幼苗的叶鞘内取食（Bridge *et al.*，2005）。随着植物生长，线虫随着水膜向叶部移动，喜于在叶尖生活，从而造成叶尖 3~5cm 变白，最终坏死。然后，它们向正在发育的穗部移动，在开花前进入小穗，以胚、浆片、子房、雄蕊等为食（Huang & Huang，1972）。该线虫也能在种子内取食，在种子成熟时，线虫卷曲成休眠状态，从而通过种子进行传播。如果种子持续干燥，干尖线虫可以在种子中存活 3 年之久。在 30℃时，完成整个生活史需要 8~12 天。干尖线虫也可以通过取食真菌进行繁殖。除变色外，干尖线虫还可减少植株活力、使剑叶扭曲、造成不结实及谷粒变小等（Duncan & Moens，2006；

Moens & Perry，2009）。

6. 茎线虫（*Ditylenchus angustus*）

水稻茎线虫源于亚洲，引起的稻茎病（Ufra）是水稻生产中为害损失最大的病害之一，主要发生在河流边上的深水稻中（Bridge *et al.*，2005）。我国一直未见水稻茎线虫发生为害的报道。因此，水稻茎线虫被列为一类对外检疫对象。这种外寄生线虫主要在幼嫩的叶片组织上取食，特别是叶鞘、花序及种子的分生组织，通过水膜进行传播，向正在发育中的花序聚集。在30℃时，茎线虫经过卵、幼虫和成虫等几种虫态后，需要2周左右完成生活史。收获时，位于小穗颖壳中的线虫卷曲成休眠态，其主要为害症状包括白斑或黄斑，叶片扭曲，种子不育等。田间主要有3种典型症状：第一种是膨肿型，线虫在穗形成的早期开始为害，病穗紧裹在叶鞘里面，不能抽出，呈纺锤形肿大；第二种是成熟型，病穗能从叶鞘中抽出，并能结成一些正常谷粒，但穗下部的小花不受精，或仅有部分小花结实；第三种是中间型，穗仅部分抽出，细弱而不结实，病株常在被害处形成分枝，同一叶鞘内伸出2~4根扭曲的穗，只有主穗形成的穗大小正常。茎线虫可显著降低植株高度及叶片的光合作用（Ali *et al.*，1995）。由于该线虫对特殊环境的需要，茎线虫扩散条件有限，且每年不在同一块地发生，其造成的产量损失并不高。然而，该线虫一旦传入，移栽的水稻感染了茎线虫，可能会造成最严重的产量损失。

（撰稿：黄文坤，彭德良）

参考文献

Ali M R，Ishibashi N，Kondo E. 1995. Growth and reproductive parameters of the rice stem nematode *Ditylenchus angustus* on Botrytis cinerea［J］. Japanese Journal of Nematology，25（1）：16–23.

Anwar S A，Mckenry M V，Yasin S I. 2011. Rice-root nematode，*Hirschmaniella* oryzae, infecting rice selections and weed genotypes [J]. Pakistan Journal of Zoology, 43 (2): 373-378.

Babatola J O. 1983. Pathogenicity of *Heterodera sacchari* on rice [J]. Nematologia Mediterranea.

Bimpong, I. K, Carpena, A. L, Mendioro, M. S, *et al*. 2012. Evaluation of *Oryza sativa* × *O. glaberrima* derived progenies for resistance to rootknot nematode and identification of introgressed alien chromosome segments using SSR markers [J]. African Journal of Biotechnology, 9 (26): 3988-3997.

Bridge J, Page S L J. 1982. The rice root-knot nematode, Meloidogyne graminicola, on deep water rice (*Oryza sativa* subsp. *Indica*) [J]. Journal of Physiology, 232 (2): 74-75.

Coyne D L, Plowright R A. 2000. *Heterodera sacchari*: field population dynamics and damage to upland rice in Côte d'Ivoire. [J]. Nematology, 2 (5): 541-550.

Luca F D, Vovlas N, Lucarelli G, *et al*. 2013, *Heterodera elachista* the Japanese cyst nematode parasitizing corn in Northern Italy: integrative diagnosis and bionomics [J]. European Journal of Plant Pathology, 136 (4): 857-872.

Dirk De Waele, Elsen A. 2007. Challenges in tropical plant nematology [J]. Annual Review of Phytopathology, 45 (1): 457-485.

Ding Z, Namphueng J, He X F, *et al*. 2011. First report of the cyst nematode (*Heterodera elachista*) on rice in Hunan Province, China [J]. Plant Disease, 96 (1): 151.

Duncan LW, Moens M. 2006. Migratory ectoparasites [M] // Plant Nematology, ed. RN Perry, M Moens. St. Albans, UK: CABI.

FAO. 2011. Food and Agriculture Organization of the United Nations. http://faostat3. fao. org.

Fernandez L, Cabasan M T N, Waele D D. 2014. Life cycle of the rice root-knot nematode *Meloidogyne graminicola* at different temperatures under non-flooded and flooded conditions [J]. Archives of Phytopathology & Plant Protection, 47 (9): 1042-1049.

Fortuner R, Merny G. 1979. Root-parasitic nematodes of rice. [J]. Revue De Nematologie, 1: 79-102.

Gheysen G, Mitchum M G. 2011. How nematodes manipulate plant development pathways for infection [J]. Current Opinion in Plant Biology, 14 (4): 415-421.

Huang C S, Huang S P. 1972. Bionomics of white-tip nematode, *Aphelenchoides besseyi* in rice florets and developing grains. [J]. Acad Sinica Inst Bot Bull, 13 (1): 1-10.

Jayaprakash A, Rao Y S. 1982. Life history and behaviour of the cyst nematode, *Heterodera oryzicola*, Rao and Jayaprakash, 1978 in Rice (*Oryza sativa* L.) [J]. Proceedings Animal Sciences, 91 (3): 283-295.

Karakas M. 2004. Life cycle and mating behaviour of *Hirschmanniella oryzae* (Namatoda: Pratylenchidae) on excised *Oryzae sativa* roots [J]. *Fen. Bilim. Derg.*, 25: 1-6.

Kyndt T, Fernandez D, Gheysen G. 2014, Plant-parasitic nematode infections in rice: molecular and cellular insights [J]. Annual Review of Phytopathology, 52 (52): 135-153.

Maung Z T Z, Kyi P P, Myint Y Y, *et al.* 2010. Occurrence of the rice root nematode *Hirschmanniella oryzae* on monsoon rice in Myanmar [J]. *Trop. Plant Pathol.*, 35: 3-10.

Moens M, Perry R N. 2009. Migratory plant endoparasitic nematodes: a group rich in contrasts and divergence [J]. *Annu. Rev. Phytopathol.*, 47: 313-332.

Plowright R A, Matias D, Aung T, *et al.* 1990. The effect of *Pratylenchus zeae* on the growth and yield of upland rice [J]. *Rev. N'ematol.*, 13: 283-292.

Plowright R A, CoyneD L, Nash P, *et al.* 1999. Resistance to the rice nematodes *Heterodera sacchari*, *Meloidogyne graminicola* and *M. incognita* in *Oryza glaber-*

rima and *O. glaberrima* × *O. sativa* interspecific hybrids [J]. *Nematology*, 1: 745-751.

Prot J C, Matias D. 1995. Effects of water regime on the distribution of *Meloidogyne graminicola* and other root-parasitic nematodes in a rice field toposequence and pathogenicity of *M. graminicola* on rice cultivar UPL R15 [J]. *Nematologica* 41: 219-228.

Seck P A, Diagne A, Mohanty S, *et al*. 2012. Crops that feed the world 7: Rice. *Food Sec.*, 4: 7-24.

Soriano I R, Reversat G. 2003. Management of *Meloidogyne graminicola* and yield of upland rice in South-Luzon, Philippines [J]. *Nematology*, 5: 879-884.

第一章　水稻根结线虫

一、发生分布与经济为害性

1. 发生特点

水稻根结线虫（Rice root-knot nematode）指可为害水稻的根结属线虫（*Meloidogyne* spp.），已报道有7种根结线虫可为害水稻，分别为拟禾本科根结线虫（*M. graminicola*）、稻根结线虫（*M. oryzae*）、南方根结线虫（*M. incognita*）、花生根结线虫（*M. arenaria*）、爪哇根结线虫（*M. javanica*）、短小根结线虫（*M. exigua*）和萨拉斯根结线虫（*M. salasi*）。多种因素可影响水稻根结线虫病害的发生，包括土壤结构、温度、土壤pH值、氧化还原态和湿度、水稻生长阶段和种植周期长短等（Soriano *et al.*，2003；Win *et al.*，2011；Win *et al.*，2013）。Win等（2011）分别对夏季的450块水稻田和雨季的102块水稻田进行水稻根结线虫病害调查，结果发现，与旱稻田（Upland rice）相比，水稻田（Lowland rice）中拟禾本科根结线虫检出率更高，达到78%（旱稻田为9%），根内线虫数和根结指数分别为289头二龄幼虫/g根和4.1，同样显著高于旱稻田的4头二龄幼虫/g根和1.2。与黏土相比，沙土更有利于拟禾本科根结线虫的侵染为害（Win *et al.*，2015）。

2. 分布范围

水稻根结线虫病害是世界性水稻病害，在印度、越南、缅甸、孟加拉国、老挝、泰国、菲律宾、巴西、意大利和美国等国家均有发生（Fortuner *et al.*，

1979；pankaj *et al.*，2010；Gomes *et al.*，2014；Fanelli *et al.*，2017）。我国于20世纪 80 年代在海南省发现拟禾本科根结线虫对水稻严重为害（冯志新等，1980；赵洪海等，2001；胡先奇，2003），并对水稻根结线虫病害的发生规律和传播途径进行了观测和描述（许晓斌，2009）。之后，在湖南、湖北、福建、广东、浙江等地均发现有拟禾本科根结线虫为害水稻的报道（刘国坤等，2011；Song *et al.*，2017；Tian *et al.*，2017；Wang *et al.*，2017）。

3. 经济为害性

为害水稻的 7 种根结线虫分布范围和寄主谱广，已成为制约水稻生产的重要因素。与其他根结线虫相比，拟禾本科根结线虫繁殖速率快，可在 19～27 天完成一个生活史。同时拟禾本科根结线虫可侵染陆稻、水稻和深水水稻，导致水稻减产 17%～32%，甚至绝产（Bridge *et al.*，2005；Kyndt *et al.*，2014）。随着全球气候变暖和耕作模式的转变，拟禾本科根结线虫田间种群数量大幅增加，以亚洲最为突出（De Waele *et al.*，2007）。因此，拟禾本科根结线虫已成为威胁全球水稻生产的重要土传病原。

二、生物学特性及发生规律

1. 生活史

根结线虫为一类固着性寄生线虫，其整个生活史由根外自由生活和根内寄生两个阶段组成（图 1-1）。土壤中侵染前二龄幼虫从水稻根尖侵入根组织后，在细胞间沿着微管系统平行迁移，然后选择韧皮部邻近细胞，诱导形成取食位点——巨型细胞（Giant cell，G 细胞）。G 细胞由单个细胞进行细胞核分裂而来，但不进行细胞质分裂（Vieira *et al.*，2014）。根结线虫从 G 细胞中取食，经 3 次蜕皮，依次发育为三龄幼虫、四龄幼虫和成虫。三龄和四龄幼虫无口针，不具有取食功能，从二龄幼虫发育至成虫所需的能量均来自侵染后二龄幼虫阶段所摄取的能量（Perry *et al.*，2011）。雄虫成虫突破根表皮细胞迁移至根外，并与雌虫交配，而部分根结线虫群体为孤雌生殖。交配后，雌虫进一步发育产卵，一个雌虫可产生几百粒卵。卵包裹在糖蛋白组成的胶状基质中，保护卵粒免受环境胁迫影响（Moens *et al.*，2009）。卵粒在适宜的环境条件下孵化出新的侵染前二龄幼虫，开始新的侵染。根结线虫一年可繁殖多代，可重复侵染水稻。拟禾本科根结线虫与稻根结线虫雌虫将卵产在水稻根组织内，卵在根内孵化出二龄幼虫，二龄幼虫再次侵染根组织，这一特性为二者侵染深水水稻提供了便利。而南方根结线虫和花生根结线虫等其他可侵染水稻的根结线虫则将卵产在根表面，水可抑制卵孵化的二龄幼虫对根的侵染，因此，这类根结线虫主要为害旱稻。

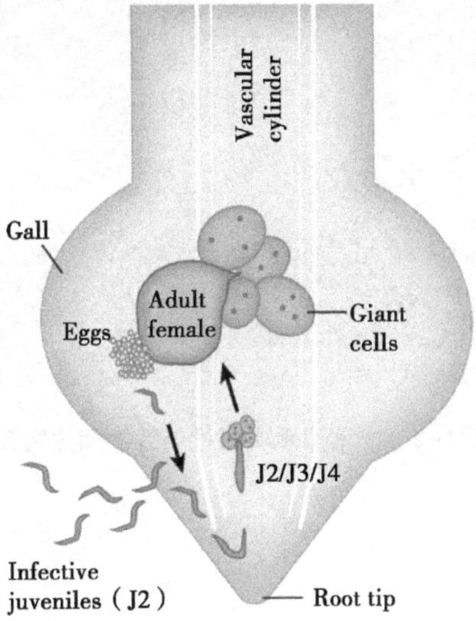

图 1-1　根结线虫生活史（Kyndt *et al.*，2014）

注：Root tip，根尖；Infective juveniles（J2），侵染期二龄幼虫；J3 & J4，三龄和四龄幼虫；Eggs，卵；Gall，根结；Giant cells，巨型细胞；Vascular cylinder，维管柱。

2. 为害症状

水稻根结线虫从水稻根尖侵入，在侵入根组织后，在根尖处开始诱导形成根结。不同根结线虫诱导形成的根结形态具有一定差异，拟禾本科根结线虫诱导形成的根结为钩状（Hook shape），具有一定的鉴别度。根结线虫侵染导致水稻根组织结构发生严重畸形（图 1-2a），主根和侧根变短，须根增多。根结组织在形成后期开始凋亡，部分受土壤微生物侵入变为黑褐色，根失去原有功能；地上部分植株矮化，长势弱，叶片黄化乃至枯死（图 1-2b）。研究表明，拟禾本科根结线虫侵染可导致水稻感病品种 Annapurna 叶部叶绿素Ⅱa 和Ⅱb 含量分别减少 20.8% 和 28.6%，而对于抗病品种 Udaya 则含量均有提高（Swain *et al.*，1988）。

a. 根部为害症状　　b. 地上部分为害症状

图 1-2　水稻拟禾本科根结线虫病为害症状

3. 寄主种类

已报道有 7 种可为害水稻的根结线虫，均可侵染包括水稻在内的多种植物（表 1-1）。其中，对水稻为害最为严重的拟禾本科根结线虫可侵染除水稻之外的大豆、黑燕麦等作物和稗草等禾本科植物，共 100 多种植物；稻根结线虫也可侵染水稻等作物及飘拂草属杂草在内的多种植物；南方根结线虫、花生根结线虫和爪哇根结线虫寄主谱更广，可侵染多种作物、蔬菜和杂草等；相比之下，短小根结线虫和萨拉斯根结线虫则寄主谱相对较窄。

表 1-1　7 种水稻根结线虫的寄主范围

线虫名称	寄主种类	参考文献
拟禾本科根结线虫	水稻、大豆、黑燕麦和稗草等多种植物	(Fortuner *et al.*, 1979; Mac Gowan *et al.*, 1989; Rich *et al.*, 2009; Dutta *et al.*, 2012; Negretti *et al.*, 2014)
稻根结线虫	水稻、小麦、马铃薯、番茄和飘拂草属杂草	(Maas *et al.*, 1978; Fortuner *et al.*, 1979)
南方根结线虫	水稻、大豆和各类蔬菜等多种植物	(Fortuner *et al.*, 1979; Rich *et al.*, 2009)
花生根结线虫	水稻、花生和蔬菜等多种植物	(Fortuner *et al.*, 1979; Rich *et al.*, 2009; López-Pérez *et al.*, 2011)
爪哇根结线虫	水稻、鬼针草和各类蔬菜等多种植物	(Fortuner *et al.*, 1979; Rich *et al.*, 2009)
短小根结线虫	水稻、咖啡树、橡胶树、胡椒树和番茄	(Fortuner *et al.*, 1979; Nakasono *et al.*, 1980; Muniz *et al.*, 2008; Silva *et al.*, 2008a, b)
萨拉斯根结线虫	水稻、葡萄和白菜	(刘维志, 2004; Fortuner *et al.*, 1979; López-Chaves, 1984)

4. 致病机制

根结线虫侵染寄主根组织后，其食道腺细胞（Esophageal gland cells）通过口针分泌各类效应因子（Effector）诱导形成取食位点细胞——巨型细胞（图 1-3），这些效应因子参与根结线虫的整个寄生过程，发挥重要的生物学功能（Davis *et al.*, 2004; Hassan *et al.*, 2010）。植物寄生线虫包含 3 个食道腺细胞，分别为 2 个亚腹食道腺细胞（Subventral gland cells）和 1 个背食道腺细胞（Dorsal gland cell）（Haegeman *et al.*, 2012）。目前，已从根结线虫食道腺细胞中鉴定出多个效应因子。有关根结线虫效应因子生物学功能研究已取得积极进展，但根结线虫与水稻互作机制仍有待进一步研究。

（1）降解植物细胞壁

植物细胞壁由纤维素、半纤维素、果胶类物质和糖蛋白等物质组成，具有抵御病原物侵染的作用（Cosgrove, 2005; Hematy *et al.*, 2009）。植物寄生线虫侵染前 J2s 侵染寄主的过程中分泌各种细胞壁修饰蛋白降解植物细胞壁，协助线虫在细胞内穿梭（Davis *et al.*, 2008）。Ding 等（1998）和 Rosso 等（1999）在南

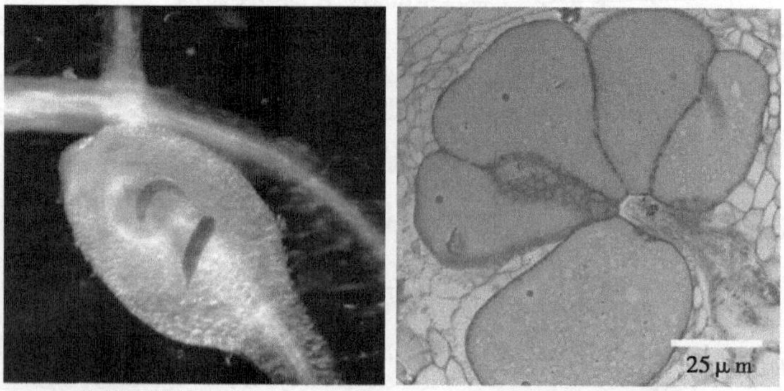

水稻根部线虫幼虫　　　　水稻根部巨型细胞

图 1-3　水稻根部拟禾本科根结线虫幼虫及巨型细胞

注：左图为以酸性品红染色法观测的水稻根部拟禾本科根结线虫幼虫（黄文坤摄）；右图为接种拟禾本科根结线虫 7 天后的巨型细胞组织切片图，引自 Ji 等（2013）。

方根结线虫中依次发现细胞壁修饰蛋白——纤维素结合蛋白（Cellulose-binding protein）和纤维素酶（beta-1，4-endoglucanase）以来，在根结线虫中陆续发现大量的细胞壁修饰蛋白，这其中还包括果胶酸裂解酶（Pectate lyase）和细胞壁松弛蛋白（Doyle *et al.*，2002；Huang *et al.*，2005a；Abad *et al.*，2008）。现有研究表明，植物寄生线虫分泌的纤维素结合蛋白、纤维素酶、果胶酸裂解酶和细胞壁松弛蛋白可降解植物的细胞壁组分，协助线虫的侵染（Wang *et al.*，1999；Qin *et al.*，2004；Vanholme *et al.*，2007；Adam *et al.*，2008；Long *et al.*，2012；Long *et al.*，2013）。

（2）抑制寄主免疫防御

在病虫害侵染植物的同时，植物自身能够感知这种侵害并产生相应的免疫反应来抵抗各类病虫害的入侵（Hematy *et al.*，2009）。在根结线虫与寄主植物的互作中，根结线虫为抵御来自植物的免疫反应，通过分泌各类效应蛋白逃避寄主的防御。在植物寄生线虫中发现的第一类具有此功能的效应蛋白为分支酸异构酶（Chorismate mutase，CM）。在爪哇根结线虫中，分支酸异构酶 MjCM-1 分泌至取食位点细胞的细胞质中，通过与植物质体中的分支酸异构酶竞争底物分支酸

（Chorismate）抑制质体中苯丙氨酸和酪氨酸的合成，进而抑制植物激素吲哚乙酸和水杨酸的形成，消减植物免疫防御能力（Doyle *et al.*，2003）。在南方根结线虫和花生根结线虫中同样发现这类效应蛋白（Huang *et al.*，2005b；Long *et al.*，2006）。大豆孢囊线虫中发现有这类效应蛋白，其在线虫背食道腺细胞中特异表达（Bekal *et al.*，2003）。在南方根结线虫中发现另一类参与寄主免疫应答调控的效应蛋白钙网质蛋白 Mi-CRT，其在线虫侵染植物寄主的过程中被分泌至植物根部组织中，抑制寄主的基础免疫防御（Jaubert *et al.*，2005；Jaouannet *et al.*，2013）。马铃薯白线虫（*Globodera pallida*）在与寄主互作时，可分泌效应蛋白 Gp-FAR-1 与植物免疫防御组分的前体亚麻酸和亚油酸结合，推测 Gp-FAR-1 具有调控植物免疫防御的功能（Prior *et al.*，2001）。在爪哇根结线虫中同样发现了这类效应蛋白（Iberkleid *et al.*，2015）。拟禾本科根结线虫效应蛋白 MgGPP 分泌至植物细胞后，进行 N-糖基化修饰，抑制植物免疫防御（Chen *et al.*，2017）。北方根结线虫（*M. hapla*）效应蛋白 Mh265（Gleason *et al.*，2017）。南方根结线虫效应蛋白 MiSGCR1 可抑制细菌和卵菌激发的细胞坏死（Nguyen *et al.*，2017）。根结线虫属特异的效应蛋白 Misp12 可抑制 JA 和 SA 信号转导途径，弱化植物防御反应（Xie *et al.*，2016）。在拟南芥中，MiMsp40 可抑制拟南芥的 PTI 和 ETI 反应（Niu *et al.*，2016）。

（3）调节寄主细胞发育

研究发现，甜菜孢囊线虫效应蛋白 Hs19C07 可与拟南芥中的 LAX3 互作，提高 LAX3 介导的生长素向细胞内运输的效率，增加合胞体中生长素的浓度，进而调节合胞体细胞的生长发育（Lee *et al.*，2011）。在拟禾本科根结线虫中发现 Hg10C07 同源蛋白在线虫背食道腺中合成（Haegeman *et al.*，2013）。南方根结线虫效应蛋白 Mi7h08 与植物的一个转录因子互作，调控植物细胞周期（Zhang *et al.*，2015）。植物的 CLE（CLAVATA3（CLV3）/ ENDOSPERM SURROUNDING REGION）蛋白信号途径参与植物的生长与发育（Dodueva *et al.*，2012；Kiyohara *et al.*，2012）。大豆孢囊线虫效应蛋白 Hg-SYV46 与植物 CLAVATA3（CLV3）蛋白同源，Hg-SYV46 能够模拟拟南芥中的 CLV3 蛋白功能，调节植物分生组织细胞的发育（Wang *et al.*，2005）。转录组测序分析发现，在拟禾本科根结线虫中存在与植物 CLE 同源的基因，推测具有与 Hg-SYV46 相似的生物学功能（Petitot *et al.*，2016）。

在根结线虫中还存在另一类功能的效应蛋白，其通过与植物的转录因子互作，或直接作为转录因子，调控植物基因的表达和植物的生理学过程。南方根结线虫效应蛋白 16D10 可与植物 SCARECROW 转录因子互作，调控植物基因的表达，协助线虫的侵染（Huang *et al.*，2006）。亚细胞定位分析发现，南方根结线虫效应蛋白 Mi-EFF1（Jaouannet *et al.*，2012）和爪哇根结线虫效应蛋白 MJ-NULG1a（Lin *et al.*，2013）均定位于植物的细胞核，推测参与植物基因的表达调控。

（4）调控寄主营养物质的运输

巨型细胞是由单个细胞进行细胞核分裂但不进行细胞质分裂，最终形成具有多细胞核和多细胞器的细胞，其具有体积大、高渗透压和高代谢活性的特点（Grundler *et al.*，2011；Kyndt *et al.*，2013）。根结线虫侵染寄主后，通过分泌各类效应蛋白诱导形成和维持巨型细胞的结构，并通过口针从巨型细胞中获取营养物质，满足线虫自身的生长与发育（Kyndt *et al.*，2013）。

水稻通过光合作用将空气中的 CO_2 转化为碳水化合物，其主要形式为蔗糖（Zhu *et al.*，2013）。蔗糖经源端韧皮部装载、韧皮部运输和库端韧皮部卸载从源端运输到库端（Li *et al.*，2014）。蔗糖在库端韧皮部的卸载有两个不同的途径，即质外体途径（Apoplasmic unloading）和共质体途径（Symplasmic unloading）。在质外体途径中，蔗糖在质外体通过细胞壁转化酶（Cell wall invertase）和蔗糖转运蛋白（Sugar transporter，SUT）分解为果糖和葡萄糖并运输至库组织中（Patrick *et al.*，2013）。目前，在水稻基因组中已鉴定出 5 个 *OsSUTs*（Aoki *et al.*，2003）。其中，*OsSUT*1 主要介导蔗糖的源端韧皮部装载（Scofield *et al.*，2007），*OsSUT*2 则在萌发的种子胚胎（embryos）和糊粉层（Aleurone layers）中特异表达（Siao *et al.*，2011）。*OsSUT*4 在萌发的种子胚胎、糊粉层、盾片（Scutellum）和胚胎维管束中以及花粉中表达，并且 *OsSUT*4 基因表达受外界温度调节（Chung *et al.*，2014）。在马铃薯中超表达 *OsSUT5Z* 则可显著提高果糖的含量（Sun *et al.*，2011）。目前，仍未见 *OsSUT*3 功能研究的报道。在共质体途径中，蔗糖经胞间连丝（Plasmodsma）从韧皮部维管组织进入库组织（Patrick *et al.*，2013）。进入库组织的蔗糖在胚乳细胞的特殊质体——造粉质体（Amyloplasts）中转化为淀粉（Martin *et al.*，1995）。

植物病原可通过诱导植物中蔗糖转运相关蛋白编码基因的表达，调节植物中蔗糖的分布，便于病原物自身从植物中获取碳源（Chen，2014）。例如，蚜虫可通过诱导水稻叶片木质部薄壁组织（Parenchyma）中 *OsSUT*1 的上调表达，协助蚜虫从水稻中获取糖类物质（Ibraheem *et al.*，2014）。在植物寄生线虫与植物互作中同样存在这类机制。植物寄生线虫通过分泌各类效应蛋白在植物寄主根部诱导形成取食位点，为其持续提供包括糖类物质在内的多种营养物质（Hofmann *et al.*，2007a；Hewezi *et al.*，2013）。Hofmann 等（2007b）通过拟南芥叶片的绿色荧光染料 5-(6)-羧基荧光素二乙酸酯（CF）加载试验证实，在甜菜孢囊线虫（*Heterodera schachtii*）诱导形成的取食位点合胞体形成初期，蔗糖通过蔗糖转运蛋白 AtSUC4 介导的质外体途径从韧皮部的微管中转运至合胞体内，在合胞体形成后期蔗糖的胞内运输则由胞间连丝介导的共质体途径完成。然而，不同于甜菜孢囊线虫，南方根结线虫诱导形成的拟南芥根部巨型细胞内蔗糖转运，仅由蔗糖转运蛋白 AtSUC4 介导的质外体途径完成（Hofmann *et al.*，2009）。植物寄生线虫诱导形成的取食位点细胞可将细胞内的糖类物质进一步转化为淀粉进行储存，推测淀粉可作为碳源的储备形式确保取食位点细胞对植物寄生线虫碳水化合物的持续供给（Hofmann *et al.*，2008；Grundler *et al.*，2011）。

5. 水稻根结线虫发育与环境的关系

水稻根结线虫卵的孵化、侵染前二龄幼虫对寄主的侵染和定殖发育受到初寄主抗性以外的多种生物和非生物因素的影响。Krishna Prasad（1982a）以钴 60 辐射处理拟禾本科根结线虫卵粒接种水稻苗，与接种未辐射处理卵的水稻苗相比，钴 60 辐射处理导致线虫侵染力下降、线虫发育延缓，且雄虫比例小幅提高。

三、检测技术

1. 形态学方法

会阴花纹（Perineal pattern）是根结线虫和孢囊线虫雌虫尾部阴门周围的角质膜形成的特征性花纹，在根结线虫形态鉴定中是重要的鉴别特征。会阴花纹的特征主要体现在阴门（Vulva）与肛门（Anus）的相对位置、线纹（Striae）的形态、侧线（Lateral line）的有无和背弓（Dorsal arch）的高低等（图 1-4）。目前，已报道可侵染为害水稻的 7 种根结线虫会阴花纹形态特征如下所述（图 1-5）。

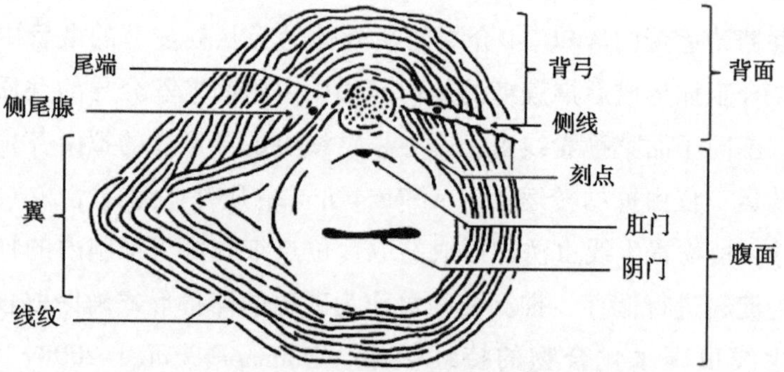

图 1-4　根结线虫会阴花纹图解

（引自 Perry，2011；Eisenback *et al.*，1991）

（1）拟禾本科根结线虫

会阴花纹呈上下卵形或近圆形；尾端凸出、粗糙，具浅的横纹，有时可见不规则的线纹包围尾端（Pokharel *et al.*，2007）；侧区界限不清晰，围绕整个花纹的线纹光滑而连续；在背弓部、尾端周围以及靠近会阴的侧部可能出现短、断、不规则的线纹；侧尾腺口很小，间距小，约为阴门裂长的 2/3（刘维志，2004）。

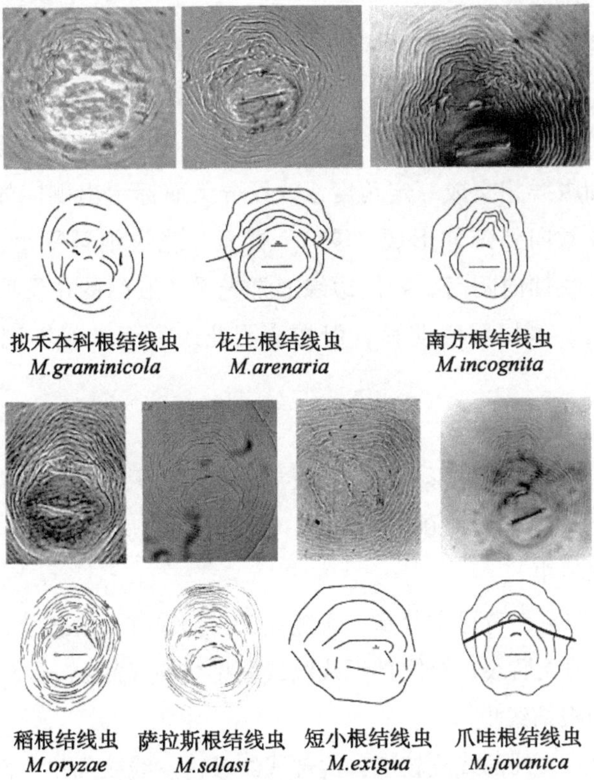

图 1-5　不同水稻根结线虫雌虫会阴花纹特征

注：拟禾本科根结线虫 *M. graminicola*（Pokharel *et al.*，2007）、花生根结线虫 *M. arenaria*（López-Pérez *et al.*，2011）、南方根结线虫 *M. incognita*（Mulvey *et al.*，1975）、稻根结线虫 *M. oryzae*（Pokharel *et al.*，2007）、萨拉斯根结线虫 *M. salasi*（Medina *et al.*，2011）、短小根结线虫 *M. exigua*（Oliveira *et al.*，2005）和爪哇根结线虫 *M. javanica*（Rammah *et al.*，1990）的会阴花纹显微观测图，以及相应的会阴花纹墨线图如上图所示。其中，稻根结线虫会阴花纹墨线图引自 Median 等（2011），萨拉斯根结线虫会阴花纹墨线图依据上图中萨拉斯根结线虫的会阴花纹显微观测图进行绘制，其余线虫会阴花纹墨线图引自 Perry 等（2011）。

（2）花生根结线虫

会阴花纹总体上为圆形到椭圆形，线纹细或较粗。背弓低，圆形，线纹平滑或略起波浪，线纹连续或间断。尾端明显，有线纹或光滑。侧线不明显，但在侧区处背弓的线纹略弯向尾端。在背线与腹线相交处，有的则不出现侧纹，而是由于背线和腹线相交成一定角度或线纹分叉而标示出侧区的位置。在会阴花纹侧面，线纹常向外延伸形成“翼”。腹面的线纹细且平滑，连续或间断。有时，有几条线纹伸向阴门。阴门边缘通常光滑。肛门的位置明显，常有线纹横向通过肛门区。侧尾腺管明显，但在会阴花纹表面常看不到其结构（刘维志，2004）。

（3）南方根结线虫

会阴花纹背弓高，近方形，线纹平滑或波浪形，无明显侧线，但线纹在侧区处有间断和分叉（刘维志，2004）。

（4）稻根结线虫

会阴花纹椭圆形，背弓中等高，无侧线，内部线纹平滑连续，外部线纹间断且为波浪形；阴门无唇纹，会阴部无线纹或偶见线纹（Maas *et al.*，1978）。

（5）萨拉斯根结线虫

会阴花纹卵形，外部线纹较细，内部线纹较粗。线纹几乎不间断，光滑，数量相当少，而且间距大。会阴部无或只有 1 条线纹，在花纹的中央区呈近环形，只有少量线纹。阴门横裂，光滑，无线纹或只有少量线纹从其侧边发出。侧尾腺口小，其间距小。背弓高且宽，通常呈矩形，但在一些标本中略呈方形。无侧线的痕迹，尾尖明显（刘维志，2004）。

（6）短小根结线虫

会阴花纹圆到六角形，背弓低圆到高方形。线纹粗糙且间距宽。侧区不明显，只是线纹不明显的分叉，但内侧线可能有粗糙、凸出、成环而皱皱的线纹。侧尾腺口相距远，有时会阴花纹与北方根结线虫相似，但短小根结线虫的线纹较粗，而北方根结线虫的花纹通常有刻点（刘维志，2004）。

（7）爪哇根结线虫

会阴花纹背弓圆，中等高，有明显侧线，无或有很少线纹通过侧线，一些线纹弯向阴门，尾端通常有明显的“涡”（刘维志，2004）。

2. 同工酶电泳技术

同工酶（Isozyme）指生物体内由基因编码，催化相同反应，但其蛋白分子的结构、理化性质和免疫学性质不同的一类酶，如超氧化物歧化酶（Superoxide dismutase，SOD）和苹果酸脱氢酶（Malate dehydrogenase，MDH）等。同工酶电泳技术，即通过聚丙烯凝胶电泳技术，将特定物种来源的总蛋白进行电泳分离，然后使凝胶中的目标同工酶与其底物反应，反应结束后通过生物染料染色显色，从而形成特定分子量和条带数的同工酶图谱。同工酶在不同物种间，同一物种的不同群体间存在分子多态性。因此，某一物种或种群具有特定的酶图谱，可据此实现物种的鉴定。

Triantaphyllou 等（1982）和 Dalmasso 等（1983）率先应用聚丙烯酰胺凝胶垂直板电泳，建立根结线虫同工酶电泳技术。在此基础上，Esbenshade 等（1985）对该技术进行了优化，并以来自 65 个国家的 16 个不同根结线虫种，共计 291 个种群为线虫材料，分别对各线虫种群的酯酶（Esterase，ETS）、MDH、SOD 和谷胱甘肽转移酶（Glutamate-oxaloacetate transaminase，GOT）这 4 种同工酶进行同工酶电泳分析。最终，从 ETS、MDH、SOD 和 GOT 中获得的特征条带数依次为 18、8、7 和 7。以溴酚蓝为对照，计算各特征条带的相对迁移速率（Relative migration rate，Rm），依据 Rm 值由小到大以阿拉伯数字依次进行编号（图 1-6、图 1-7，表 1-2）。在根结线虫酯酶图谱比较分析中，以研究较充分的线虫种群同工酶条带为内参条带，校正其他酯酶条带的相对迁移速率，如在根结线虫酯酶图谱分析时，以北方根结线虫美国种群 VA-86 的酯酶条带为内参条带。Venkatachari 等（1991）和 Carneiro 等（2000）研究发现，在上述 4 种同工酶中，ETS 酶图谱在不同根结线虫物种间的差异最大，仅该酶即可实现南方根结线虫、北方根结线虫、爪哇根结线虫和花生根结线虫的鉴定；EST 和 MDH 联用可实现拟禾本科根结线虫和南方根结线虫的鉴定。

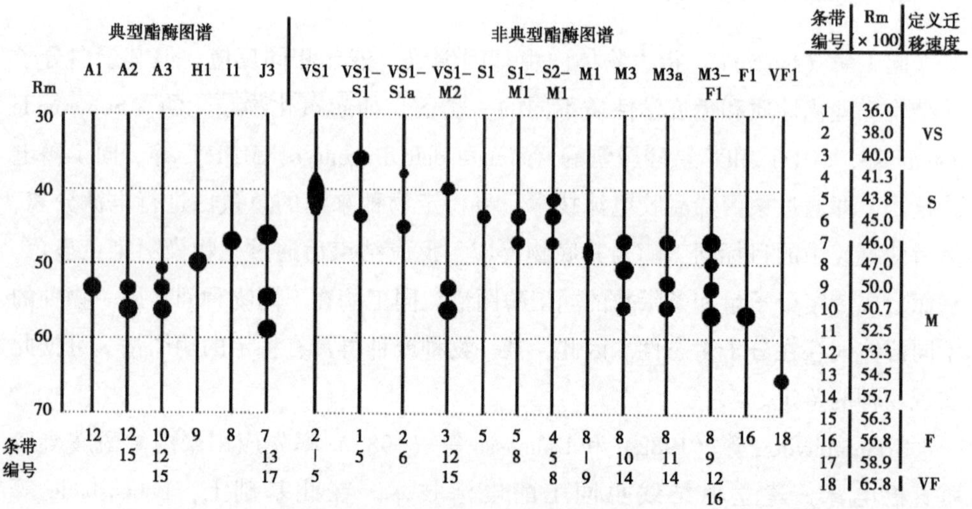

图 1-6 根结线虫酯酶图谱示意图

注：以16个不同根结线虫种的291个种群为研究材料，以聚丙烯酰胺凝胶电泳技术获得各种群的酯酶图谱。在所研究的291个根结线虫种群中，245个种群的酯酶图谱可划归为6个典型的酯酶图谱，其余46个群体则划归至13个非典型的酯酶图谱中。在典型酯酶图谱中，A1、A2和A3分别代表花生根结线虫3种不同的酯酶图谱，H1、I1和J3分别代表北方根结线虫、南方根结线虫和爪哇根结线虫的酯酶图谱；其中，字母代表线虫种，数字代表图谱中的条带数。在非典型酯酶图谱中，依据18个酯酶条带的相对迁移速率，将各条带迁移速度依次定义为VS（条带1~3）、S（条带4~6）、M（条带7~14）、F（15~17）和VF（条带18）这5种类型。然后，对总共13种不同类型的非典型酯酶图谱进行定义。如在“VS1”图谱中，表示该酯酶图谱中有1个酯酶条带，迁移速度属于VS，在“S2-M1”图谱中则表示该图谱中有2条酯酶条带的迁移速度属于S，1条酯酶的条带迁移速度则属于M。S1和M3由于出现2种不同的酯酶图谱，以字母“a”区分。VS=Very slow，S=Slow，M=Medium，F=Fast，VF=Very fast。该图依据Esbenshade等（1985）重新绘制。

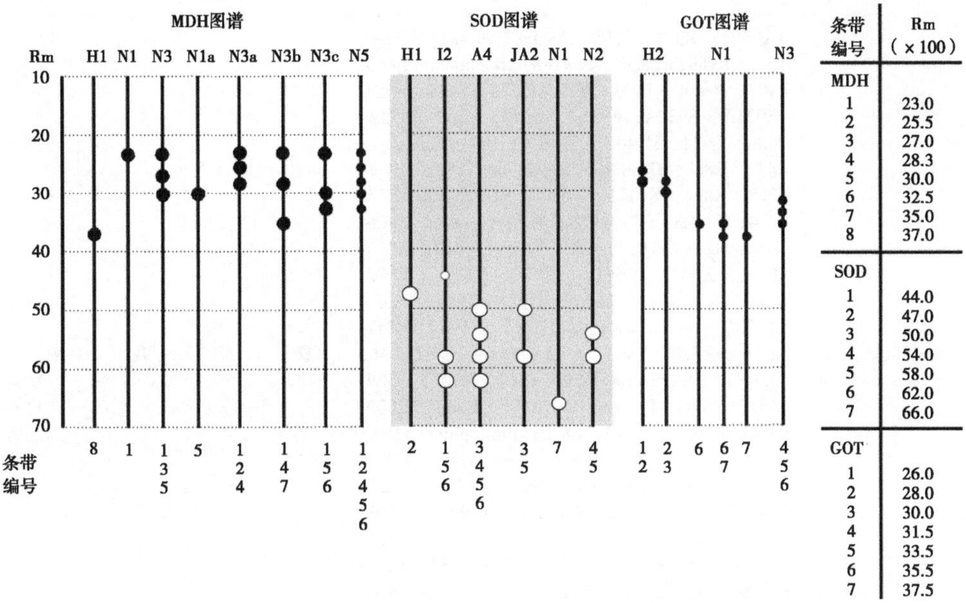

图 1-7　根结线虫 MDH、SOD 和 GOT 图谱

注：在各同工酶图谱命名中，字母 A、H、I 和 J 分别代表花生根结线虫、北方根结线虫、南方根结线虫和爪哇根结线虫，表示该同工酶图谱为相应线虫所特有，字母 N 则表示该图谱非任何一种根结线虫所特有；数字则表示各图谱中的条带数。在 SOD 图谱中，I2 有 3 个条带，但最上方的条带无分类学意义，忽略不计。该图依据 Esbenshade 等（1985）重新绘制。

表 1-2　为害水稻的 5 种根结线虫酶图谱

线虫种名	线虫种群名	各同工酶的图谱类型			
		ETS	MDH	SOD	GOT
拟禾本科根结线虫	U. S. A.，LA-232	VS1	N1a	H1	N1
稻根结线虫	Surinam-E303	VS1	N1a	H1	N1

（续表）

线虫种名	线虫种群名	各同工酶的图谱类型			
		ETS	MDH	SOD	GOT
南方根结线虫	Argentina-E337, E599; Australia-E484; Bangladesh-E969; Belgium-188; Bermuda-E463, E487; Brazil-El99, E253, E797; Canary Isl.-E931A, E932A, E933A, E950; Chile-E573A; China-E934, E940, E1106, El107; Colombia-E879, E880; Dominican Republic-El153; Egypt-E228, E894, E1054, E1055; El Salvador-E26, E324; Ghana-E88, E89, El70; Greece-E406; Guatemala-E918; India-E639, E640, E645, E646, E649, E651, E653, E671, E672, E681; Indonesia-569, E512, E853A; Iraq-E996B; Ivory Coast-E543, E544, E557; Jamaica-E520, E863, E901; Japan-E916; Malaysia-E810; Nigeria-El52, E156, E507, E509, E651, E691; Pakistan-E1034; Peru-E502, E504, E505A, E579, E830; Philippines-E216, E909; Portugal-E 1144; Puerto Rico-E301; Scotland-596, 597; Seychelles-El080; Senegal-E139; Surinam-E836; Thailand-E159; Trinidad-E269, E313; Uruguay-E105; Zimbabwe-E316; U. S. A., AL-108, 553; AR-E954; CA-E1089, E1135; IN-E681; KS-543; LA-450; NC-68, 71, 246, 401, 403, 424, 557, 594B, E589; NM-E1103; SC-282; TN-63; TX-527, 534, E1042	I1	N1	I2	N1
	Bermuda-E490	I1	N3b	I2	N1
	India-E675	S1	N1	I2	N1
爪哇根结线虫	Argentina-E621, E897, E899, E1038; Brazil-548, 549, 563, E93, El21; Canary Isl.-E931B, E932B, E933B; Chile-E534, E535; China-E936; Colombia-E856; Cyprus-E394; Egypt-E826, E892, E893; Fiji-E402; Greece-E878; Iran-E631, E793; Iraq-E996A, E1035; Jamaica-E866; Malawi-E1009; Morocco-E977, E981, E984; Nepal-E986; Nigeria-El003; Portugal-591, E905; Seychelles-E1081; Sudan-E948; Syria-E903; Thailand-E991; Uruguay-E825, E896; Zimbabwe-E318, E1143; U.S.A., NC-7	J3	N1	JA2	N1
	Bangladesh-E972; Korea-E1078	J3	N3	JA2	N1

（续表）

线虫种名	线虫种群名	各同工酶的图谱类型			
		ETS	MDH	SOD	GOT
花生根结线虫	Chile-E603, E604, E1019; El Salvador-E444; Korea-E16; Peru-E505B; Taiwan-E13	A1	N1	JA2	N1
	Argentina-559, E1141; Belize-E620; Brazil-E432; China-E1033; Colombia-392, E195, E280, E321; Ecuador-E255; Guadeloupe-E5; Iran-E790A; Ivory Coast-E553; Jamaica-E900; Korea-E467, E1076; Portugal-E685; Surinam-E304; Uruguay-E782	A2	N1	JA2	N1
	Australia-E482	A2	N1	A4	N1
	China-E938; Colombia-256; Korea-E908B; Nigeria-413; U. S. A., CA-576, E1123; GA-E1145; NC-56, 568A; TX-523, 529; VA-54	A2	N3	A4	N1
	U. S. A., GA-436	A2	N3	A4	H2
	U. S. A., TX-533	A2	N3b	A4	N1
	Nigeria-E1028; Surinam-E839; W. Samoa-E927, E929	A2	N3	JA2	N3
	W. Samoa-E930	A2	N1	JA2	N3
	Argentina-E334, E335, E857; Chile-288; Nigeria-E729; Turkey-E455; U. S. A., GA-E1084	A3	N1	A4	N1
	Uruguay-E819	A3	N1	JA2	N1
	Nigeria-E82, E608	S1-M1	N1	I2	N1
	Ivory Coast-E551; Philippines-501, 502; W. Samoa-E928	S1-M1	N3	I2	N1
	Australia-446, E481; Fiji-E947	S2-M1	N1	I2	N1
	El Salvador-E445	M3-F1	N1	JA2	N1

注：内容引自 Esbenshade 等（1985）。

3. 鉴别寄主反应（抗性鉴定方法）

植物寄生线虫在不同种植物间，以及同一种植物不同品系间均可能存在致病力差异。依据这一序列差异，可实现对特定植物寄生线虫种或小种水平的鉴定。在不同寄主的反应差异，以一序列的寄主实现对线虫种的鉴别。Hartman 等

(1985) 根据线虫在不同寄主上的繁殖力差异，分别将南方根结线虫和花生根结线虫区分为4个小种和2个小种。在北卡罗来纳鉴别寄主实验中，以烟草、棉花、辣椒、西瓜、花生和番茄这6个植物特定品系为鉴别寄主，可实现南方根结线虫、北方根结线虫、爪哇根结线虫和花生根结线虫这4种最常见根结线虫种和小种的鉴定（陈志杰等，2013）。应用鉴别寄主鉴定线虫的种和小种，其价值主要体现在筛选植物寄生线虫抗病材料，监测田间生理小种的演变，指导线虫抗性作物的种植，延缓作物抗性的丢失。

4. 分子检测技术

植物病原线虫的分子生物学检测技术包括酶联免疫吸附技术（Enzyme linked immunosorbent assay，ELISA）、PCR技术、DNA芯片技术和环等温扩增技术（Loop-mediated isothermal amplification，LAMP）等。分子检测技术是植物寄生线虫形态学鉴定技术的有力补充。在为害水稻的7种根结线虫中，已建立了5种线虫的分子检测技术（表1-3），为水稻根结线虫病害的监测提供了技术支撑。

表1-3 为害水稻的5种根结线虫分子检测技术

线虫	引物/探针	目标序列	检测方法	参考文献
拟禾本科根结线虫	Mg-F3/ Mg-R2	rRNA-ITS	常规PCR	(Htay *et al.*, 2016)
南方根结线虫	inc-K15F / inc-k15R	SCAR	常规PCR	(Randig *et al.*, 2002)
	MI-F / MI-R	SCAR	常规PCR	(Meng *et al.*, 2004)
	RKNf / RKNr	ITS	定量PCR	(Toyota *et al.*, 2008)
	Mi1 / Mi2	ITS	多重PCR	(Saeki *et al.*, 2003)
	引物Mi-F3、Mi-B3、Mi-FIP/Mi-BIP；FITC探针	Minc08401基因	FTA-LAMP	(Niu *et al.*, 2011)
短小根结线虫	Finc / Rinc	SCAR	常规PCR	(Zijlstra *et al.*, 2000)
	ex-D15F / ex-D15R	SCAR	常规PCR	(Randig *et al.*, 2002)
花生根结线虫	Far / Rar	SCAR	常规PCR	(Zijlstra, 2000)
	QareF / QareR	SCAR	定量PCR	(Agudelo *et al.*, 2011)

（续表）

线虫	引物/探针	目标序列	检测方法	参考文献
爪哇根结线虫	Fjav/Rjav	SCAR	常规 PCR	（Zijlstra *et al.*，2000）
	MJ-F/MJ-R	SCAR	常规 PCR	（Meng *et al.*，2004）
	18S/Melo-R short	ITS-18S rRNA	定量 PCR	（Berry *et al.*，2008）

注：多重 PCR，在一个 PCR 反应中应用两对及两对以上的 PCR 引物，同时实现 2 个以上的目标序列的 PCR 检测。FTA-LAMP，以 FTA 卡（Flinders Technology Associates card，FTA）检测 LAMP 产物的一种技术。

ELISA 是将抗原抗体的特异性结合与酶对底物的高效催化作用相结合，而建立起来的具有高灵敏度的蛋白检测技术。ELISA 技术已经成功应用于植物病原线虫的快速诊断，如松材线虫（*Bursaphelenchus xylophilus*）的 ELISA 快速检测技术（张奇等，2006）。

PCR 等核酸水平的检测技术主要是通过对物种特异的 DNA 序列进行检测，从而实现物种的快速分子诊断。植物病原线虫的这类分子检测技术主要基于线虫核糖体 RNA（Ribosomal RNA，rRNA）中的基因转录间隔区 1（Internal transcribed spacers 1，ITS1）和 ITS2 序列，以及位于 28S rRNA 中的 D2/D3 区（图 1-8）。由于这些区域在 rDNA 序列中为序列变化较大和进化速率较快的区域，基于这些序列差异可实现线虫种间或种内的分子鉴定及遗传进化分析。物种特异的特征序列扩增区域（Sequence characterized amplified regions，SCAR）为植物病原线虫分子诊断技术中另一类重要的目标检测序列。病原线虫的 SCAR 可通过随机引物或简单重复序列（Simple Sequence Repeats，SSR）扩增线虫基因组 DNA 获得。除此之外，线虫蛋白编码基因序列也见作为靶标序列用于线虫的分子检测中，如以南方根结线虫 Minc08401 基因序列开发的 FTA-LAMP 检测技术（Niu *et al.*，2011）。

PCR 技术为最常见的植物病原线虫分子检测技术。在此基础上，进一步开发出了可实现线虫定量和定性分析的定量 PCR 技术，以及可实现恒温条件下(60~66℃）快速可视化的分子诊断技术——LAMP 技术。LAMP 技术由 Notomi 等（2008）首先创建，后被广泛应用于食品和医学等核酸检测相关的领域，包括植

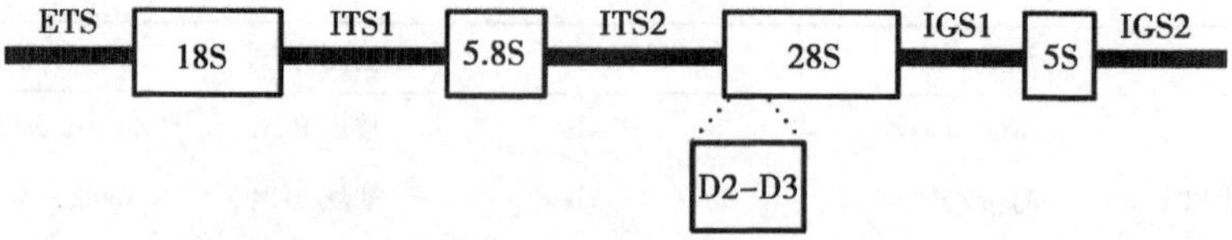

图 1-8　真核生物核糖体 RNA（rRNA）序列结构

注：ETS 为外转录间隔区（External transcribed spacer region）；18S、5. 8S、28S 和 5S 分别为 18S rRNA；5. 8S rRNA、28S rRNA 和 5S rRNA；D2-D3 指位于 28S rRNA 的 D2-D3 区；IGS1 和 IGS2 分别为基因间隔区 1（Intergenic spacer regions 1）和基因间隔区 2。

物病原线虫的分子检测。LAMP 技术无须 PCR 仪和电泳仪等仪器，操作简单、快速和检测结果可视化，在植物寄生线虫分子检测中具有广阔的应用前景。

四、综合治理技术

1. 农业防治

加强水肥管理，可有效防控水稻根结线虫病害。水灌溉可抑制拟禾本科根结线虫对水稻的为害（Win *et al.*，2013；Win *et al.*，2015），Fademi（1998）研究发现，与未施用氮肥田相比，施用氮肥 45kg/hm^2 可显著降低南方根结线虫对水稻的为害。Patil 等（2013）的研究进一步验证了 Fademi 的研究结果。在水稻播种前期开始灌溉，可有效降低拟禾本科根结线虫引起的水稻产量损失（Soriano *et al.*，2000），并且灌溉可显著提高水稻品种对拟禾本科根结线虫的耐病性。然而，在水稻种植期间，一旦稻田缺水，拟禾本科根结线虫对水稻的为害将迅速加重（Bridge *et al.*，1982）。在种植水稻前用塑料薄膜覆盖土壤进行日晒处理，夏季初期处理 4 个星期，或秋季初期处理 6 个星期，可有效防控水稻拟禾本科根结线虫病害（Shaheed *et al.*，2005）。

轮作为水稻根结线虫病害防控的另一措施。Rahman（1990）以芥末（*Brassica campestris* subsp. *oleifera* L.）、芝麻（*Sesamum indicum*）和小油菜（*Guizotia abysinica*）等与深水水稻进行轮作和间种，评价不同种植模式下水稻根结线虫病害的为害情况。结果显示，在冬季间种芥末和小油菜，然后再间种水稻和芝麻，土壤中拟禾本科根结线虫幼虫数降低85%；在冬季只种植芥末，再间种水稻和芝麻，土壤中拟禾本科根结线虫幼虫数降低65%。Soriano等（2003）研究表明，种植两季豇豆或休耕几个季节，可显著降低土壤中拟禾本科根结线虫的种群数量，提高水稻产量30%~80%。因此，以非寄主作物轮作或休耕是防控水稻拟禾本科根结线虫病害的有效手段。

2. 抗性品种

筛选抗性资源，培育抗病品系是植物病害防控的有效手段。目前，已有大量与水稻根结线虫病害抗性资源筛选与鉴定的报道，且主要集中在拟禾本科根结线虫抗性资源的筛选鉴定上（Babatola，1980；Kalita *et al.*，1990；Sahu *et al.*，1993；Das *et al.*，2011；Sirivastava *et al.*，2011；Machado *et al.*，2014；Ravindra *et al.*，2015；Souza *et al.*，2015）。Ravindra等（2015）从135份水稻品种中筛选到32份拟禾本科根结线虫高抗品种和45份中抗品种。Dimkpa等（2016）以332份水稻品种为材料，分析水稻基因组中拟禾本科根结线虫抗性的数量性状位点，鉴定到11个拟禾本科根结线虫抗性数量性状位点。Mhatre等（2017）应用STMS标记在拟禾本科根结线虫高抗水稻品种Abhishek中鉴定到1个与拟禾本科根结线虫抗性关联的STMS标记HvSSR10-21，并将该抗性位点的基因命名为*Mg*1（t）。上述工作为拟禾本科根结线虫抗性基因的鉴定以及水稻抗病品种的培育奠定了良好的基础。

3. 生物防治

Seenivasan等的室内盆栽试验和大田试验表明，以荧光假单胞菌（*Pseudomonas fluorescence*）3种菌株（PF1、TDK1和PY15）发酵液混施，对水稻拟禾本科根结线虫病害防效最高，田间防效达到73.3%，产量增加24.7%（Seenivasan *et al.*，2012）。Somasekhara等（2012）的大田试验结果进一步证明了荧光假单胞菌对水稻拟禾本科根结线虫病害防控的良好前景。田间试验表明和链枝菌（*Catenaria anguillulae*）可侵染拟禾本科根结线虫的卵和侵染期二龄幼虫，侵染效率最高可达 50.3%，且对卵的侵染效率高于对二龄幼虫的侵染效率（Singh *et al.*，2007a）。Padgham 等（2007）从台湾的水稻田中筛选出一株巨大芽孢杆菌（*Bacillus megaterium*），试验表明，用分离的巨大芽孢杆菌处理水稻根可使水稻根部拟禾本科根结线虫的侵染量和根结数降低 40%，导致水稻根对拟禾本科根结线虫幼虫的趋化作用降低约 60%。同时，巨大芽孢杆菌发酵液对拟禾本科根结线虫卵的孵化抑制率达 60% 以上（Padgham *et al.*，2007）。捕食线虫真菌指状节丛孢（*Arthrobotrys dactyloides*）对水稻拟禾本科根结线虫病害防效显著，根结数降低 86%，根内幼虫数降低 94%，且可提高水稻的长势（Singh *et al.*，2007b）。Le 等（2009）从水稻根部分离了多个内生真菌菌株，并分别对其中镰刀菌属（*Fusarium*）和木霉属（*Trichoderma*）真菌的各 8 个菌株的水稻拟禾本科根结线虫病害防效进行了分析。结果发现，镰刀菌属真菌菌株 Fe1，Fe14、Fe24、Fr28 和 Fr29 以及木霉属真菌菌株 To21、To16、To20 和 Td30 对水稻拟禾本科根结线虫病害的防效分别达到 29%~33%和 23%~38%，其中部分菌株可促进水稻根的生长。Simon 等（2011）通过室内盆栽试验发现，施用捕食线虫真菌少孢节丛孢菌（*A. oligospora*），可使水稻拟禾本科根结线虫根结数下降 86.9%，雌虫数减少 94.2%，且具有促进水稻生长的作用。大田试验表明，施用少孢节丛孢菌菌株 VNS-1 可导致水稻拟禾本科根结线虫根结数减少 55.7%~59.3%，且具有促进水稻生长的作用（Singh *et al.*，2012）。

植物提取物是水稻根结线虫病害防控的另一类潜在生防资源。Dongre 等（2013）对印楝（*Azadirachta indica*）、桉树（*Eucalyptus globus*）、滇刺枣（*Ziziphus mauritiana*）、牛心番荔枝（*Annona reticulate*）、辣木树（*Moringa oleifera*）、麻风树（*Jatropha curcas*）、印度枸杞（*Aegle marmelos*）和银胶菊（*Parthenium argentatum*）8 种植物叶片浸出液的杀拟禾本科根结线虫活性和防效进行了分析，研究结果表明，上述植物叶片研磨液对水稻拟禾本科根结线虫病害均具有不同水平的防效，其中以印度枸杞和桉树对拟禾本科根结线虫二龄幼虫致死率最高，以 25%的叶片研磨液（25g/100mL）处理拟禾本科根结线虫幼虫 48h 后，线虫幼虫致死率分别达到 43.6%和 41.83%；土壤中施用 50% 叶片研磨液，水稻根部的根结数则减少 26.7%和 39.3%（Dongre *et al.*，2013）。

4. 诱导抗性

在病原物侵染时，植物通过启动免疫防御反应抵御病原物的侵入和定殖。研究发现，在拟禾本科根结线虫侵染的水稻中，水稻激素 ABA、JA、ET 和 SA 的信号转导途径介导了水稻对拟禾本科根结线虫的抗性（Nahar *et al.*，2011；Ji *et al.*，2015）。筛选可诱导水稻免疫防御反应的因子（包括生物因子和非生物因子），应用于水稻根结线虫病害的防控具有可行性。Anita 等研究发现，荧光假单胞菌通过诱导水稻系统性抗性，提高水稻对拟禾本科根结线虫病害的抗性（Anita *et al.*，2012）。Kyndt 等（2017）以稻瘟病菌接种水稻叶片，结果导致水稻组织中 H_2O_2 的累积，激素紊乱，水稻对拟禾本科根结线虫的易感性显著降低。Verbeek 等（2016）以水稻病原菌强雄腐霉（*Pythium arrhenomanes*）接种水稻，结果导致拟禾本科根结线虫的定殖、发育和繁殖延缓。除上述生物因子外，非生物因子诱导水稻对拟禾本科根结线虫的抗性也见报道。在土壤中添加终浓度为 1.2%的生物炭（Biochar）后，拟禾本科根结线虫对水稻上的致病力显著下降（Huang *et al.*，2015）。进一步研究发现，这归咎于水稻根组织中由生物炭激发的 ET 信号途径和 H_2O_2 的累积。维生素 B_1（Thiamine）为另一类可诱导水稻拟禾本科根结线虫抗性的化学诱导物（Huang *et al.*，2016）。

根结线虫在水稻上的繁殖力强、生活周期短且反复侵染，对水稻根结线虫病害的防治应涵盖水稻的整个种植期。因此，在通过诱导水稻抗性防治水稻根结线虫病害时，保持生物和非生物因子对水稻抗性的持续诱导作用是关键。

5. 化学防治

拟禾本科根结线虫可对水稻造成严重为害，对水稻根结线虫病害的化学防治也以拟禾本科根结线虫病害为主。Prasad 等（1981）对 24 种杀虫剂、杀线剂、杀真菌剂、除草剂和植物生长调节剂的杀线虫活性进行了评价。试验结果显示，杀线威（Oxamyl）、敌稗（Propanil），丰索磷（Fensulphothion）、毒死蜱（Chlorpyriphos）、二溴氯丙烷（DBCP）、甲拌磷（Phorate）、喹硫磷（Quinalphos）以及植物生长调节剂 ZR-777 和 CCC 对拟禾本科根结线虫的最大致死剂量为 50~500mg/kg 不等，且可抑制拟禾本科根结线虫对水稻的侵染。田间试验表明，以有效成分 15kg/hm² 的草胺酰、甲拌磷、虫螨威（Carbofuran）或丰索磷处理稻田，可有效降低水稻根内拟禾本科根结线虫幼虫的生长发育，雄虫成虫数量显著提高（Krishna Prasad *et al.*，1982b）。盆栽试验表明，一定剂量的葵花籽油（Sunflower oil）和旱莲草（*Eclipta alba*）提取液可导致水稻根上线虫的卵量和根结数的减少（Prasad *et al.*，1984）。Lopez 等的大田试验评价了虫螨威、克线磷（Ethoprophos）、苯线磷（Fenamiphos）和特丁硫磷（Terbufos）对萨拉斯根结线虫的杀线虫活性。结果表明，在播种前 1 个星期以 6kg/hm² 的苯线磷处理稻田，在播种 30 天后，水稻的根结指数显著降低，特丁硫磷则显著提高水稻根部线虫的幼虫数和卵数；但在播种 115 天后，根部线虫的幼虫数和卵数在各药剂处理中均显著降低（Lopez *et al.*，1989）。大田试验表明，分别以虫螨威、克线磷和涕灭威（Aldicarb）防治深水水稻拟禾本科根结线虫病害，对水稻产量无显著影响，虽然盆栽试验结果显示上述药剂对拟禾本科根结线虫的防效显著（Rahman，1991）。盆栽试验中，分别以 0.1%、0.05%和 0.025%的丁硫克百威（Carbosulfan）、久效磷（Monocrotophos）、三唑磷（Triazophos）或伏杀磷（Phosalone）浸泡处理水稻品种 Mahsuri 的种子，均可导致水稻单株根结数和卵粒数的显著降低，且以 0.1%的丁硫克百威防效最佳（Rahman *et al.*，1994）。Khan 等（2012）在盆栽试验中采用滴灌和拌土的方式，评价甲拌磷（Phorate）、虫螨威和毒死蜱（Chlorpyriphos）对水稻拟禾本科根结线虫病害的防效。试验结果表明，虫螨威和甲拌磷采用滴灌（200mg/kg）加一次土壤喷施（有效成分：虫螨威 83.3mg/盆，甲拌磷 25mg/盆）进行混施，对拟禾本科根结线虫防效最高，平均单株根结数降低 16%~20%，平均单株卵粒数降低 18%~22%，土壤线虫数下降 58.2%，水稻生物量提高 9%~19%。滴灌单施虫螨威对拟禾本科根结线虫病害有显著防效，平均单株根结数下降 10%~12%。大田试验进一步表明，以每 5g/kg 的甲拌磷对水稻种子进行种子引发（Seed priming）处理，可有效降低拟禾本科根结线虫对水稻幼苗的侵染。在播种后 15 天施用有效成分 2kg/hm² 的甲拌磷则可抑制水稻根内线虫的发育（Khan *et al.*，2014）。Pankaj 等（2015）以土壤覆膜太阳能消毒（消毒 15 天），结合土壤施用虫螨威或的荧光假单胞菌（*P. fluorescens*），可提高水稻苗生长速率至 30 天，水稻平均单株根结数和平均单个卵块的卵粒数在播种后 24 天减少，因此，可在播种后 24 天移栽。

五、存在的问题及展望

1. 水稻根结线虫病害防控存在的问题

水稻是我国重要的粮食作物，水稻生产安全关系我国的粮食安全。近年，我国水稻根结线虫病害发生不断加重，呈扩散蔓延趋势，在湖北、湖南、江西、四川、浙江、海南和福建等地均有发现。导致我国水稻根结线虫病害加重的主要原因可归咎于以下几点：一是我国水稻耕作模式由传统的育苗插秧模式逐渐转变为直播稻和再生稻种植模式，为水稻根结线虫的侵染定殖提供了更适宜的水条件，以及更长的持续侵染为害时间；二是随着人们对生态环境和农产品安全的更高要求，我国逐步限制或禁止了高毒农药的使用，从而削弱了高毒农药对水稻根结线虫病害的控制作用；三是全球气候变暖导致水稻农田中的平均温度提高，更有利于水稻根结线虫的侵染定殖；四是我国农村劳动力不足导致稻田的大面积休耕，休耕稻田中的杂草多为水稻根结线虫的适宜寄主，导致稻田中水稻根结线虫的种群数量显著提高；五是稻田的跨区域机械化耕作，导致水稻根结线虫的长距离传播。目前，我国对水稻根结线虫病害的防控缺乏有效的药剂，急需开发出高效且绿色环保的水稻根结线虫新型杀线虫剂。我国水稻种质资源丰富，但我国水稻根结线虫病害抗性资源的挖掘与应用仍为空白。在新的水稻耕作模式下，水稻根结线虫病害已成为制约我国水稻生产的重要因素，必将限制水稻栽培新技术的普及和水稻生产的稳定发展。加强水稻根结线虫致病机理和成灾规律研究，开发以抗病品种和生物防治为主的水稻根结线虫病害综合防治新技术，已成为我国农业生产上亟待解决的问题。

2. 综合治理对策

面对日益加重的水稻根结线虫病害，应从以下几个方面开展相关研究，采取相应防控措施，实现线虫病害的有效防控。首先，应用现代分子生物学和生物信息学等技术挖掘水稻根结线虫病害抗性资源，培育水稻根结线虫病害抗病新品种，是实现水稻根结线虫病害治理的重要举措。我国水稻种植已逐步转变为直播稻和再生稻的种植模式，新的水稻种植模式必将对水稻根结线虫病害流行与成灾规律产生影响。在新的种植模式下，应加强研究水稻根结线虫病害流行与成灾规律，为水稻根结线虫病害防控提供理论基础。在此基础上，采取相应的农业措施，加强水肥管理，通过休耕、轮作等方式，改善农田土壤生态，降低土壤中水稻根结线虫种群密度。同时，筛选现有化学农药，开发新的化学杀线剂和水稻抗性诱导剂，为水稻根结线虫病害防治提供有效药剂。此外，开发水稻根际微生物和水稻内生菌等微生物资源，为水稻根结线虫病害防治提供有效的生防资源。

（撰稿：王高峰，肖炎农）

参考文献

陈志杰，张淑莲，张锋，等 . 2013. 设施蔬菜根结线虫防治基础与技术［M］. 北京：科学出版社 .

刘维志 . 2004. 植物线虫志［M］. 北京：中国农业出版社 .

张奇，马洪周，杨文博，等 . 2006. 松材线虫纤维素酶的分离纯化及免疫学检测方法的研究［J］. 南开大学学报（自然科学版），39（1）：95-99.

Perry R N，Moens M. 2011. 植物线虫学［M］. 简恒，彭德良，廖金玲，等译 . 北京：中国农业大学出版社：59-72.

Abad P，Gouzy J，Aury J M，*et al.* 2008. Genome sequence of the metazoan plant-parasitic nematode Meloidogyne incognita［J］. Nature Biotechnology，26（8）：909-915.

Adam M A M, Phillips M S, Jones J T, *et al*. 2008. Characterisation of the cellulose-binding protein Mj-cbp-1 of the root knot nematode, Meloidogyne javanica [J]. Physiological and Molecular Plant Pathology, 72 (1-3): 21-28.

Agudelo P, Lewis S A, Fortnum B A. 2011. Validation of a Real-Time Polymerase Chain Reaction Assay for the identification of *Meloidogyne arenaria* [J]. Plant Disease, 95 (7): 835-838.

Anita B, Samiyappan R. 2012. Induction of systemic resistance in rice by *Pseudomonas fluorescens* against rice root knot nematode *Meloidogyne graminicola* [J]. Journal of Biopesticides, 5 (S): 53-59.

Aoki N, Hirose T, Scofield G N, *et al*. 2003. The sucrose transporter gene family in rice [J]. Plant and Cell Physiology, 44 (3): 223-232.

Babatola J D. 1980. Reactions of some rice cultivars to the root-knot nematode, *Meloidogyne incognita* [J]. Nematropica, 10 (1): 5-9.

Bekal S, Niblack T L, Lambert K N. 2003. A chorismate mutase from the soybean cyst nematode *Heterodera glycines* shows polymorphisms that correlate with virulence [J]. Molecular Plant-Microbe Interactions, 16 (5): 439-446.

Berry S D, Fargette M, Spaull V W, *et al*. 2008. Detection and quantification of root-knot nematode (*Meloidogyne javanica*), lesion nematode (*Pratylenchus zeae*) and dagger nematode (*Xiphinema elongatum*) parasites of sugarcane using real-time PCR [J]. Molecular and Cellular Probes, 22 (3): 168-176.

Bridge J, Page S L J. 1982. The rice root-knot nematode, *Meloidogyne graminicola*, on deep water rice (*Oryza sativa* subsp. *indica*) [J]. Revue de Nematologie, 5 (2): 225-232.

Bridge J, Plowright R A, Peng D L. 2005. Nematode parasites of rice [M] // Luc M, Sikora R A, Bridge J. Plant parasitic nematodes in subtropical and tropical agriculture, 2nd Edition. Wallingford, UK: CAB International.

Carneiro R M D G, Almeida M R A, Queneherve P. 2000. Enzyme phenotypes of *Meloidogyne spp*. populations [J]. Nematology, 2 (6): 645-654.

Chen J S, Lin B R, Huang Q L, *et al*. 2017. A novel *Meloidogyne graminicola* effector, MgGPP, is secreted into host cells and undergoes glycosylation in concert with proteolysis to suppress plant defenses and promote parasitism [J]. PLoS Pathogens, 13 (4): e1006301.

Chen L Q. 2014. SWEET sugar transporters for phloem transport and pathogen nutrition [J]. New Phytologist, 201 (4): 1150-1155.

Chung P, Hsiao H H, Chen H J, *et al*. 2014. Influence of temperature on the expression of the rice sucrose transporter 4 gene, OsSUT4, in germinating embryos and maturing pollen [J]. Acta Physiologiae Plantarum, 36 (1): 217-229.

Dalmasso A, Berge J B. 1983. Enzyme polymorphism and the concept of parthenogenetic species, exemplified by *Meloidogyne* [M] //Stone A R, Platt H M, Khalil L F. Concepts in nematode systematics. New York, USA: Academic Press.

Das K, Zhao D, Waele D D. 2011. Reactions of traditional upland and aerobic rice genotypes to rice root knot nematode (*Meloidogyne graminicola*) [J]. Journal of Plant Breeding and Crop Science, 3 (7): 131-137.

Davis E L, Hussey R S, Baum T J. 2004. Getting to the roots of parasitism by nematodes [J]. Trends in Parasitology, 20 (3): 134-141.

De Waele D, Elsen A. 2007. Challenges in tropical plant nematology. Annual Review of Phytopathology, 45: 457-485.

Dimkpa S O N, Lahari Z, Shrestha R, *et al*. 2016. A genome-wide association study of a global rice panel reveals resistance in *Oryza sativa* to root-knot nematodes [J]. Journal of Experimental Botany, 67 (4): 1191-1200.

Ding X, Shields J, Allen R, *et al*. 1998. A secretory cellulose-binding protein cDNA cloned from the root-knot nematode (*Meloidogyne incognita*) [J]. Molecular Plant-Microbe Interactions, 11 (10): 952-959.

Dodueva I E, Yurlova E V, Osipova M A, *et al.* 2012. CLE peptides are universal regulators of meristem development [J]. Russian Journal of Plant Physiology, 59 (1): 14-27.

Dongre M, Simon S. 2013. Efficacy of certain botanical extracts in the management of *Meloidogyne graminicola* of rice [J]. International Journal of Agricultural Science and Research, 3 (3): 91-98.

Doyle E A, Lambert K N. 2002. Cloning and characterization of an esophageal-gland-specific pectate lyase from the root-knot nematode *Meloidogyne javanica* [J]. Molecular Plant-Microbe Interactions, 15 (6): 549-556.

Doyle E A, Lambert K N. 2003. *Meloidogyne javanica* chorismate mutase 1 alters plant cell development [J]. Molecular Plant-Microbe Interactions, 16 (2): 123-131.

Dutta T K, Ganguly A K, Gaur H S. 2012. Global status of rice root-knot nematode, *Meloidogyne graminicola* [J]. African Journal of Microbiology Research, 6 (31): 6016-6021.

Eisenback J D, Hirschmann H. 1991. Root-knot nematodes: *Meloidogyne* species ang races [M] //Nickle W R. Manual of Agricultural Nematology. New York, USA: Marcell Dekker.

Esbenshade P, Triantaphyllou A. 1985. Use of enzyme phenotypes for identification of *Meloidogyne* species [J]. Journal of Nematology, 17 (1): 6-20.

Fademi O A. 1988. Nitrogen fertilization and *Meloidogyne incognita* incidence in rice [J]. International Rice Research Newsletter, 13 (1): 30.

Fanelli E, Cotroneo A, Carisio L, *et al.* 2017. Detection and molecular characterization of the rice root-knot nematode *Meloidogyne graminicola* in Italy [J]. European Journal of Plant Pathology, 149 (2): 467-476.

Fortuner R, Merny G. 1979. Root-parasitic nematodes of rice [J]. Revue de Nematologie, 2 (1): 79-102.

Gleason C, Polzin F, Habash S S, *et al.* 2017. Identification of two *Meloidogyne hapla genes and an investigation of their roles in the plant*–nematode interaction [J]. Molecular Plant–Microbe Interactions, 30 (2): 101–112.

Gomes C B, Negretti R R D, Mattos V S, *et al.* 2014. Characterization of *Meloidogyne* species from irrigated rice in southern Brazil [J]. Journal of Nematology, 46 (2): 168–169.

Grundler F M W, Hofmann J. 2011. Water and nutrient transport in nematode feeding sites [J]. 423–439.

Haegeman A, Bauters L, Kyndt T, *et al.* 2013. Identification of candidate effector genes in the transcriptome of the rice root knot nematode *Meloidogyne graminicola* [J]. Molecular Plant Pathology, 14 (4): 379–390.

Haegeman A, Mantelin S, Jones J T, *et al.* 2012. Functional roles of effectors of plant–parasitic nematodes [J]. Gene, 492 (1): 19–31.

Hartman K, Sasser J. 1985. Identification of *Meloidogyne* species on the basis of differential host test and perineal–pattern morphology [M] //Barker K R, Sasser J N, Carter C C. An advanced treatise on Meloidogyne. Volume Ⅱ. Methodology. Raleigh: North Carolina State University Graphics.

Hassan S, Behm C A, Mathesius U. 2010. Effectors of plant parasitic nematodes that re–program root cell development [J]. Functional Plant Biology, 37 (10): 933–942.

Hematy K, Cherk C, Somerville S. 2009. Host–pathogen warfare at the plant cell wall [J]. Current Opinion in Plant Biology, 12 (4): 406–413.

Hewezi T, Baum T J. 2013. Manipulation of plant cells by cyst and root–knot nematode effectors [J]. Molecular Plant–Microbe Interactions, 26 (1): 9–16.

Hofmann J, Grundler F M W. 2007a. How do nematodes get their sweets? Solute supply to sedentary plant–parasitic nematodes [J]. Nematology, 9 (4): 451–458.

Hofmann J, Kolev P, Kolev N, *et al.* 2009. The *Arabidopsis thaliana* sucrose transporter gene *At SUC*4 is expressed in *Meloidogyne incognita*-induced root galls [J]. Journal of Phytopathology, 157 (4): 256-261.

Hofmann J, Szakasits D, Blochl A, *et al.* 2008. Starch serves as carbohydrate storage in nematode-induced syncytia [J]. Plant Physiology, 146 (1): 228-235.

Hofmann J, Wieczorek K, Blochl A, *et al.* 2007b. Sucrose supply to nematode-induced syncytia depends on the apoplasmic and symplasmic pathways [J]. Journal of Experimental Botany, 58 (7): 1591-1601.

Htay C, Peng H, Huang W K, *et al.* 2016. The development and molecular characterization of a rapid detection method for rice root-knot nematode (*Meloidogyne graminicola*) [J]. European Journal of Plant Pathology, 146 (2): 281-291.

Huang G Z, Dong R H, Allen R, *et al.* 2005a. Developmental expression and molecular analysis of two *Meloidogyne incognita* pectate lyase genes [J]. International Journal for Parasitology, 35 (6): 685-692.

Huang G Z, Dong R H, Allen R, *et al.* 2005b. Two chorismate mutase genes from the root-knot nematode*Meloidogyne incognita* [J]. Molecular Plant Pathology, 6 (1): 23-30.

Huang G Z, Dong R H, Allen R, *et al.* 2006. A root-knot nematode secretory peptide functions as a ligand for a plant transcription factor [J]. Molecular Plant-Microbe Interactions, 19 (5): 463-470.

Huang W K, Ji H L, Gheysen G, *et al.* 2015. Biochar-amended potting medium reduces the susceptibility of rice to root-knot nematode infections [J]. BMC Plant Biology, 15 (1): e267.

Huang W K, Ji H L, Gheysen G, *et al.* 2016. Thiamine-induced priming against root-knot nematode infection in rice involves lignification and hydrogen peroxide generation [J]. Molecular Plant Pathology, 17 (4): 614-624.

Iberkleid I, Sela N and Miyara S B. 2015. Meloidogyne javanica fatty acid- and retinol-binding protein (*Mj-FAR-1*) regulates expression of lipid-, cell wall-, stress- and phenylpropanoid-related genes during nematode infection of tomato [J]. BMC Genomics, 16 (1): e272.

Ibraheem O, Botha C E J, Bradley G, *et al.* 2014. Rice sucrose transporter1 (*OsSUT1*) up-regulation in xylem parenchyma is caused by aphid feeding on rice leaf blade vascular bundles [J]. Plant Biology, 16 (4): 783-791.

Jaouannet M, Magliano M, Arguel M J, *et al.* 2013. The root-knot nematode calreticulin *Mi-CRT* is a key effector in plant defense suppression [J]. Molecular Plant-Microbe Interactions, 26 (1): 97-105.

Jaouannet M, Perfus - Barbeoch L, Deleury E, *et al.* 2012. A root - knot nematode-secreted protein is injected into giant cells and targeted to the nuclei [J]. New Phytologist, 194 (4): 924-931.

Jaubert S, Milac A L, Petrescu A J, *et al.* 2005. In planta secretion of a calreticulin by migratory and sedentary stages of root-knot nematode [J]. Molecular Plant-Microbe Interactions, 18 (12): 1277-1284.

Ji H L, Gheysen G, Denil S, *et al.* 2013. Transcriptional analysis through RNA sequencing of giant cells induced by *Meloidogyne graminicola* in rice roots [J]. Journal of Experimental Botany, 64 (12): 3885-3898.

Ji H L, Kyndt T, He W, *et al.* 2015. beta-aminobutyric acid-induced resistance against root-knot nematodes in rice is based on increased basal defense [J]. Molecular Plant-Microbe Interactions, 28 (5): 519-533.

Kalita M, Phukan P N. 1990. Reactions of some rice varieties to *Meloidogyne graminicola* [J]. Indian Journal of Nematology, 20 (2): 215-216.

Khan M R, Haque Z, Kausar N. 2014. Management of the root-knot nematode *Meloidogyne graminicola* infesting rice in the nursery and crop field by integrating seed priming and soil application treatments of pesticides [J]. Crop Protection, 63: 15-25.

Khan M R, Zaidi B, Haque Z. 2012. Nematicides control rice root-knot, caused by *Meloidogyne graminicola* [J]. Phytopathologia Mediterranea, 51 (2): 298-306.

Kiyohara S, Sawa S. 2012. CLE signaling systems during plant development and nematode infection [J]. Plant & Cell Physiology, 53 (12): 1989-1999.

Krishna Prasad K S, Rao YS, Prasad K S K. 1982b. Effect of few systemic pesticides as soil treatments on the growth and development of *Meloidogyne graminicola* in rice roots [J]. Indian Journal of Nematology, 12 (1): 14-21.

Krishna Prasad K S, Rao Y S, Krishnappa K, *et al.* 1982a. Effect of 60cobalt radiation on the growth and development of *Meloidogyne graminicola* in rice roots [J]. Indian Journal of Nematology, 12 (1): 171-173.

Kyndt T, Fernandez D, Gheysen G. 2014. Plant-parasitic nematode infections in rice: Molecular and cellular insights [J]. Annual Review of Phytopathology, 52: 135-153.

Kyndt T, Vieira P, Gheysen G, *et al.* 2013. Nematode feeding sites: unique organs in plant roots [J]. Planta, 238 (5): 807-818.

Kyndt T, Zemene H Y, Haeck A, *et al.* 2017. Below-ground attack by the root knot nematode *Meloidogyne graminicola* predisposes rice to blast disease [J]. Molecular Plant-Microbe Interactions, 30 (3): 255-266.

Le H, Padgham J, Sikora R. 2009. Biological control of the rice root-knot nematode *Meloidogyne graminicola* on rice, using endophytic and rhizosphere fungi [J]. International Journal of Pest Management, 55 (1): 31-36.

Lee C, Chronis D, Kenning C, *et al.* 2011. The novel cyst nematode effector protein 19C07 interacts with the Arabidopsis auxin influx transporter LAX3 to control feeding site development [J]. Plant Physiology, 155 (2): 866-880.

Li G H and Cui K H. 2014. Sucrose translocation and its relationship with grain yield formation in rice [J]. Plant Physiology Journal, 50 (6): 735-740.

Lin B, Zhuo K, Wu P, *et al.* 2013. A novel effector protein, MJ-NULG1a, targeted to giant cell nuclei plays a role in *Meloidogyne javanica* parasitism [J].

Molecular Plant-Microbe Interactions, 26 (1): 55-66.

Long H B, Peng H, Huang W K, *et al.* 2012. Identification and molecular characterization of a new beta-1, 4-endoglucanase gene (*Ha-eng*-1a) in the cereal cyst nematode *Heterodera avenae* [J]. European Journal of Plant Pathology, 134 (2): 391-400.

Long H, Peng D, Huang W, *et al.* 2013. Molecular characterization and functional analysis of two new-1, 4-endoglucanase genes (*Ha-eng*-2, *Ha-eng*-3) from the cereal cyst nematode *Heterodera avenae* [J]. Plant Pathology, 62 (4): 953-960.

Long H, Wang X, Xu J. 2006. Molecular cloning and life-stage expression pattern of a new chorismate mutase gene from the root-knot nematode *Meloidogyne arenaria* [J]. Plant Pathology, 55 (4): 559-563.

Lopez R, Salazar L. 1989. Preliminary evaluation of nematicides for the control of *Meloidogyne salasi* on rice [J]. Agronomia Costarricense, 13 (1): 105-109.

Lopez R. 1984. *Meloidogyne salasi* sp. n. (Nematoda: Meloidogynidae), a new parasite of rice (*Oryza sativa* L.) from Costa Rica and Panama. Turrialba, 34 (3): 275-286.

López-Chaves R. 1984. *Meloidogyne salasi* sp. n. (Nematoda: Meloidogynidae), a new parasite of rice (*Oryza sativa* L.) from costa rica and panama [J]. Turrialba, 34 (3): 275-286.

López-Pérez J A, Escuer M, Díez-Rojo M A, *et al.* 2011. Host range of *Meloidogyne arenaria* (Neal, 1989) Chitwood, 1949 (Nematoda: Meloidogynidae) in Spain [J]. Nematropica, 41 (1): 130-140.

Maas P T, Sanders H, Dede J. 1978. *Meloidogyne oryzae* n. sp. (Nematoda, Meloidogynidae) infesting irrigated rice in Surinam (South America) [J]. Nematologica, 24 (3): 305-311.

MacGowan J B, Langdon K R. 1989. Hosts of the rice root-knot nematode *Meloidogyne graminicola* [J]. Nematology Circular (Gainesville), No. 172.

Machado A C Z, de Araujo J V. 2014. Host status and phenotypic diversity of rice cultivars resistant to *Meloidogyne* species under glasshouse conditions [J]. Nematology, 16: 991-999.

Martin C, Smith A M. 1995. Starch biosynthesis [J]. Plant Cell, 7 (7): 971-985.

Medina A, Crozzoli R, Perichi G, *et al.* 2011. *Meloidogyne salasi* (Nematoda: Meloidogynidae) en arroz en venezuela [J]. Fitopatologia Venezolana, 24 (2): 46-53.

Meng Q, Long H, Xu J. 2004. PCR assays for rapid and sensitive identification of three major root-knot nematodes, *Meloidogyne incognita*, *M. javanica* and *M. arenaria* [J]. Acta Phytopathologica Sinica, 34 (3): 204-210.

Mhatre P H, Pankaj, Sirohi A, *et al.* 2017. Molecular mapping of rice root-knot nematode (*Meloidogyne graminicola*) resistance gene in Asian rice (*Oryza sativa* L.) using STMS markers [J]. Indian Journal of Genetics and Plant Breeding, 77 (1): 163-165.

Moens M, Perry R N, Starr J L. 2009. *Meloidogyne* species - a diverse group of novel and important plant parasites [M] //Perry R N, Moens M and Starr J L. Root-knot nematodes. Wallignford, Oxfordshire: CAB International.

Mulvey R H, Johnson P W, Townshend J L, *et al.* 1975. Morphology of the perineal pattern of the root-knot nematodes *Meloidogyne hapla* and *M. incognita* [J]. Canadian Journal of Zoology, 53 (4): 370-373.

Muniz M D S, Campos V P, Castagnone-Sereno P, *et al.* 2008. Diversity of *Meloidogyne exigua* (Tylenchida: Meloidogynidae) populations from coffee and rubber tree [J]. Nematology, 10 (6): 897-910.

Nahar K, Kyndt T, De Vleesschauwer D, *et al.* 2011. The jasmonate pathway is a key player in systemically induced defense against root knot nematodes in rice [J]. Plant Physiology, 157 (1): 305-316.

Nakasono K, Lordello R R A, Monteiro A R, *et al.* 1980. Development of the roots of coffee seedlings newly transplanted and penetrated by *Meloidogyne exigua* [J]. Development of the roots of coffee seedlings newly transplanted and penetrated by *Meloidogyne exigua*: 33-46.

Negretti R R D, Manica-Berto R, Agostinetto D, *et al.* 2014. Hostsuitability of weeds and forage species to root-knot nematode *Meloidogyne graminicola* as a funcion of irrigation management [J]. Planta Daninha, 32 (3): 555-561.

Nguyen C N, Perfus-Barbeoch L, Quentin M, *et al.* 2017. A root-knot nematode small glycine and cysteine-rich secreted effector, MiSGCR1, is involved in plant parasitism [J]. New Phytologist, 217 (2): 687-699.

Niu J H, Guo Q X, Jian H, *et al.* 2011. Rapid detection of*Meloidogyne* spp. by LAMP assay in soil and roots [J]. Crop Protection, 30 (8): 1063-1069.

Niu J, Liu P, Liu Q, *et al.* 2016. Msp40 effector of root-knot nematode manipulates plant immunity to facilitate parasitism [J]. Scientific Reports, 6: 19443.

Oliveira D S, Oliveira R D L, Freitas L G, *et al.* 2005. Variability of *Meloidogyne exigua* on coffee in the Zona da Mata of Minas Gerais state, Brazil [J]. Journal of Nematology, 37 (3): 323-327.

Padgham J L, Sikora R A. 2007. Biological control potential and modes of action of *Bacillus megaterium* against *Meloidogyne graminicola* on rice [J]. Crop Protection, 26 (7): 971-977.

Pankaj, Sharma H K, Prasad J S, 2010 . The rice root-knot nematode, Meloidogyne graminicola: an emerging problem in rice-wheat cropping system. [J]. Indian Journal of Nematology, 40 (1): 1-11.

Pankaj, Sharma H K, Singh K, *et al.* 2015. Management of rice root-knot nematode, *Meloidogyne graminicola* in rice (Oryza sativa) [J]. Indian Journal of Agricultural Sciences, 85 (5): 701-704.

Patil J, Powers S J, Davies K G, *et al.* 2013. Effect of root nitrogen supply forms on attraction and repulsion of second-stage juveniles of *Meloidogyne graminicola*

[J]. Nematology, 15 (4): 469-482.

Patrick J W, Botha F C, Birch R G. 2013. Metabolic engineering of sugars and simple sugar derivatives in plants [J]. Plant Biotechnology Journal, 11 (2): 142-156.

Petitot A S, Dereeper A, Agbessi M, *et al.* 2016. Dual RNA-seq reveals *Meloidogyne graminicola* transcriptome and candidate effectors during the interaction with rice plants [J]. Molecular Plant Pathology, 17 (6): 860-874.

Pokharel R R, Abawi G S, Zhang N, *et al.* 2007. Characterization of isolates of *Meloidogyne* from rice-wheat production fields in Nepal [J]. Journal of Nematology, 39 (3): 221-230.

Prasad J S, Panwar M S, Rao Y S. 1984. Studies on the control of Meloidogyne graminicola on rice [J]. Nematologia Mediterranea, 12 (1): 141-143.

Prasad K S K, Rao Y S, Krishna Prasad K S. 1981. Relative toxicity of chemicals to infective larvae of rice root-knot nematode, *Meloidogyne graminicola* [J]. Indian Journal of Nematology, 10 (2): 216-224.

Prior A, Jones J T, Blok V C, *et al.* 2001. A surface-associated retinol- and fatty acid-binding protein (Gp-FAR-1) from the potato cyst nematode *Globodera pallida*: lipid binding activities, structural analysis and expression pattern [J]. Biochemical Journal, 356: 387-394.

Qin L, Kudla U, Roze E H, *et al.* 2004. Plant degradation: a nematode expansin acting on plants [J]. Nature, 427 (6969): 30.

Rahman M F, Das P. 1994. Seed soaking with chemicals for reducing infestation of *Meloidogyne graminicola* on rice [J]. Journal of the Agricultural Science Society of North East India, 7 (1): 107-108.

Rahman M L. 1990. Effect of different cropping sequences on root-knot nematode, *Meloidogyne graminicola*, and yield of deepwater rice [J]. Nematologia Mediterranea, 18 (2): 213-217.

Rahman M L. 1991. Evaluation of nematicides to control root - knot nematode

(*Meloidogyne graminicola*) in deep water rice [J]. Current Nematology, 2 (2): 93-98.

Rammah A, Hirschmann H. 1990. Morphological comparison of three host races of *Meloidogyne javanica* [J]. Journal of Nematology, 22 (1): 56-68.

Randig O, Bongiovanni M, Carneiro R M D G, *et al.* 2002. Genetic diversity of root-knot nematodes from Brazil and development of SCAR markers specific for the coffee-damaging species [J]. Genome, 45 (5): 862-870.

Ravindra H, Sehgal M, Narasimhamurthy H B, *et al.* 2015. Evaluation of rice landraces against rice root-knot nematode, *Meloidogyne graminicola* [J]. African Journal of Microbiology Research, 9 (16): 1128-1131.

Rich J R, Brito J A, Kaur R, *et al.* 2009. Weed species as hosts of *Meloidogyne*: A review [J]. Nematropica, 39 (2): 157-185.

Rosso M N, Favery B, Piotte C, *et al.* 1999. Isolation of a cDNA encoding a beta-1, 4-endoglucanase in the root-knot nematode *Meloidogyne incognita* and expression analysis during plant parasitism [J]. Molecular Plant-Microbe Interactions, 12 (7): 585-591.

Saeki Y, Kawano E, Yamashita C, *et al.* 2003. Detection of plant parasitic nematodes, *Meloidogyne incognita* and *Pratylenchus coffeae* by multiplex PCR using specific primers [J]. Soil Science and Plant Nutrition, 49 (2): 291-295.

Sahu S C, Chawla M L. 1993. Effect of five rice cultivars on stability of morphometrics of second stage larvae of three geographical isolates of *Meloidogyne graminicola* Golden and Birchfield, 1965 [J]. Annals of Plant Protection Sciences, 1 (2): 71-74.

Scofield G N, Hirose T, Aoki N, *et al.* 2007. Involvement of the sucrose transporter, OsSUT1, in the long-distance pathway for assimilate transport in rice [J]. Journal of Experimental Botany, 58 (12): 3155-3169.

Seenivasan N, David P M M, Vivekanandan P, *et al.* 2012. Biological control of rice root-knot nematode, *Meloidogyne graminicola* through mixture of *Pseudo-*

monas fluorescens strains [J]. Biocontrol Science and Technology, 22 (6): 611-632.

Shaheed M, Banu S, Devare M, *et al.* 2005. Soil biological health: a major factor in increasing the productivity of the rice-wheat cropping system [J]. International Rice Research Notes, 30 (1) 1.

Siao W, Chen J Y, Hsiao H H, *et al.* 2011. Characterization of *OsSUT2* expression and regulation in germinating embryos of rice seeds [J]. Rice, 4 (2): 39-49.

Silva R V, Oliveira R D L, Ferreira P S, *et al.* 2008a. Effect of the *Mi* gene on the reproduction of *Meloidogyne exigua* populations in tomato [J]. Nematologia Brasileira, 32 (2): 150-153.

Silva R V, Oliveira R D L, Ferreira P S, *et al.* 2008b. Maintenance of the reproductive capacity of *Meloidogyne exigua* on pepper seedlings [J]. Tropical Plant Pathology, 33 (5): 356-362.

Simon S, Anamika. 2011. Management of root knot disease in rice caused by *Meloidogyne graminicola* through nematophagous fungi [J]. Journal of Agricultural Science, 3 (1): 122-127.

Singh K P, Jaiswal R K, Kumar N. 2007a. Catenaria anguillulae Sorokin: a natural biocontrol agent of *Meloidogyne graminicola* causing root knot disease of rice (*Oryza sativa* L.) [J]. World Journal of Microbiology & Biotechnology, 23 (2): 291-294.

Singh K P, Jaiswal R K, Kumar N, *et al.* 2007b. Nematophagous fungi associated with root galls of rice caused by *Meloidogyne graminicola* and its control by *Arthrobotrys dactyloides* and *Dactylaria brochopaga* [J]. Journal of Phytopathology, 155 (4): 193-197.

Singh U B, Sahu A, Singh R K, *et al.* 2012. Evaluation of biocontrol potential of *Arthrobotrys oligospora* against *Meloidogyne graminicola* and *Rhizoctonia solani* in rice (*Oryza sativa* L.) [J]. Biological Control, 60 (3): 262-270.

Sirivastava A, rana V, Rana S, *et al.* 2011. Screening of rice and wheat cultivars for resistance against root-knot nematode, *Meloidogyne graminicola* (Golden and Birchfield) in rice-wheat cropping system [J]. Journal of Rice Research, 4 (1&2): 8-10.

Somasekhara Y, Sehgal M, Ravichandra N G, *et al.* 2012. Validation and economic analysis of adaptable integrated management technology against root-knot nematode (*Meloidogyne graminicola*) in rice (*Oryza sativa*) with farmers' participatory approach [J]. Indian Journal of Agricultural Sciences, 82 (5): 442-444.

Song Z Q, Zhang D Y, Liu Y, *et al.* 2017. First Report of *Meloidogyne graminicola* on Rice (*Oryza sativa*) in Hunan Province, China [J]. Plant Disease, 101 (12): 2153-2153.

Soriano I R, Reversat G. 2003. Management of *Meloidogyne graminicola* and yield of upland rice in South-Luzon, Philippines [J]. Nematology, 5: 879-884.

Soriano I R S, Prot J C, Matias D M. 2000. Expression of tolerance for *Meloidogyne graminicola* in rice cultivars as affected by soil type and flooding [J]. Journal of Nematology, 32 (3): 309-317.

Souza D C T, Botelho F B S, Rodrigues C S, *et al.* 2015. Resistance of upland-rice lines to root-knot nematode, *Meloidogyne incognita* [J]. Genetics and Molecular Research, 14 (4): 17384-17390.

Sun A J, Dai Y, Zhang X S, *et al.* 2011. A transgenic study on affecting potato tuber yield by expressing the rice sucrose transporter genes *OsSUT5Z* and *OsSUT2M* [J]. Journal of Integrative Plant Biology, 53 (7): 586-595.

Swain B N, Prasad J S. 1988. Chlorophyll content in rice as influenced by the root-knot nematode, *Meloidogyne graminicola* infection [J]. Current Science, 57 (16): 895-896.

Tian Z L, Barsalote E M, Li X L, *et al.* 2017. First report of root-knot nematode, *Meloidogyne graminicola*, on rice in Zhejiang, eastern China [J].

Plant Disease, 101 (12): 2152-2153.

Tomita N, Mori Y, Kanda H, *et al.* 2008. Loop-mediated isothermal amplification (LAMP) of gene sequences and simple visual detection of products [J]. Nature Protocols, 3 (5): 877-882.

Toyota K, Shirakashi T, Sato E, *et al.* 2008. Development of a real-time PCR method for the potato-cyst nematode *Globodera rostochiensis* and the root-knot nematode *Meloidogyne incognita* [J]. Soil Science and Plant Nutrition, 54 (1): 72-76.

Triantaphyllou A C, Dalmasso A. 1982. Nouvelles donnêes sur l'utilisation des isoestêrases pour l'identification des *Meloidogyne* [J]. Revue de Nematologie, 5 (1): 147-154.

Vanholme B, Van Thuyne W, Vanhouteghem K, *et al.* 2007. Molecular characterization and functional importance of pectate lyase secreted by the cyst nematode *Heterodera schachtii* [J]. Molecular Plant Pathology, 8 (3): J267-278.

Venkatachari S, Payan L A, Dickson D W, *et al.* 1991. Comparisons of isozyme phenotypes in five *Meloidogyne* spp. with isoelectric focusing [J]. Journal of Nematology, 23 (4): 457-461.

Verbeek R E M, Banaay C G B, Sikder M, *et al.* 2016. Interactions between the oomycete *Pythium arrhenomanes* and the rice root-knot nematode *Meloidogyne graminicola* in aerobic Asian rice varieties [J]. Rice, 9 (1): 36.

Vieira P, De Clercq A, Stals H, *et al.* 2014. The cyclin-dependent kinase inhibitor KRP6 induces mitosis and impairs cytokinesis in giant cells induced by plant-parasitic nematodes in *Arabidopsis* [J]. The Plant Cell, 26 (6): 2633-2647.

Wang G F, Xiao L Y, Luo H G, *et al.* 2017. First report of *Meloidogyne graminicola* on rice in Hubei province of China [J]. Plant Disease, 101 (6): 1056-1057.

Wang X H, Meyers D, Yan Y T, *et al.* 1999. In planta localization of a beta-1, 4-endoglucanase secreted by *Heterodera glycines* [J]. Molecular Plant-Microbe Interactions, 12 (1): 64-67.

Wang X H, Mitchum M G, Gao B L, *et al.* 2005. A parasitism gene from a plant-parasitic nematode with function similar to CLAVATA3/ESR (CLE) of*Arabidopsis thaliana* [J]. Molecular Plant Pathology, 6 (2): 187-191.

Win P P, Kyi P P, Waele D D. 2011. Effect of agro-ecosystem on the occurrence of the rice root - knot nematode *Meloidogyne graminicol*a on rice in Myanmar. Australasian Plant Pathology. 40 (2): 187-196.

Win P P, Kyi P P, Maung Z T Z, *et al.* 2013. Population dynamics of *Meloidogyne graminicola* and *Hirschmanniella oryzae* in a double rice-cropping sequence in the lowlands of Myanmar [J]. Nematology, 15: 795-807.

Win P P, Kyi P P, Maung Z T Z, *et al.* 2015. Effect of different water regimes on nematode reproduction, root galling, plant growth and yield of lowland and upland Asian rice varieties grown in two soil types infested by the rice root-knot nematode *Meloidogyne graminicola* [J]. Russian Journal of Nematology, 23 (2): 99-112.

Xie J L, Li S J, Mo C M, *et al.* 2016. A novel *Meloidogyne incognita* effector Misp12 suppresses plant defense response at latter stages of nematode parasitism [J]. Frontiers in plant science, 7: 1084.

Zhang L, Davis E L, Elling A A. 2015. The *Meloidogyne incognita* effector Mi7h08 interacts with a plant transcription factor and alters expression of cell cycle control genes in plant cells. [J]. Journal of Nematology, 47 (3): 281-281.

Zhu X G, Wang Y, Ort D R, *et al.* 2013. e-photosynthesis: a comprehensive dynamic mechanistic model of C3 photosynthesis: from light capture to sucrose synthesis [J]. Plant Cell and Environment, 36 (9): 1711-1727.

Zijlstra C, Donkers-Venne D, Fargette M. 2000. Identification of *Meloidogyne in-*

cognita, *M-javanica* and *M-arenaria* using sequence characterised amplified region (SCAR) based PCR assays [J]. Nematology, 2 (8): 847-853.

Zijlstra C. 2000. Identification of *Meloidogyne chitwoodi*, *M-fallax* and *M-hapla* based on SCAR-PCR: a powerful way of enabling reliable identification of populations or individuals that share common traits [J]. European Journal of Plant Pathology, 106 (3): 283-290.

第二章　旱稻孢囊线虫

一、发生分布与经济为害性

孢囊线虫（Cyst nematode）在世界范围内广泛分布，是一类具有经济重要性的植物寄生线虫。孢囊线虫（*Heterodera* spp.）属垫刃线虫目（Tylenchida），异皮总科（Heteroderidea），异皮亚科（Heteroderinae），孢囊属（*Heterodera*），广泛分布于温带、热带和亚热带。孢囊在土壤中具有很强的存活能力，保存数年后仍然可孵化繁殖。为害我国水稻的孢囊线虫主要是旱稻孢囊线虫（*H. elachista* Ohshima，1974）。孢囊线虫引起许多重要作物的产量损失，这些作物包括禾谷类作物、大豆和马铃薯等。全世界每年由于孢囊线虫为害造成的经济损失占主要农作物总产量的 9%（Evans *et al.*，1998）。孢囊线虫对我国的小麦、大豆等粮食作物的影响非常大，分布地域广、寄主范围宽，寄生方式多为根部寄生，严重影响作物的产量和质量，是最具有经济危害性的植物寄生线虫之一。

水稻在世界范围内种植面积达 $1.54\times10^8 hm^2$，占世界耕地面积的 11%，是世界重要的粮食作物之一。全球有 113 个水稻种植国家，有一半以上的人口以大米作为赖以生存的基本粮食。在亚洲和非洲，近 1 亿户家庭的主要生产活动和收入来源依靠大米。水稻作为我国的主要粮食来源，近 2/3 的人口以稻米为主食。因此，水稻的高产优质生产在保障我国粮食安全供给方面有极其重要的意义。水稻根部的有害生物是限制水稻产量的一个重要因素，寄生在水稻根部的植物线虫是引起水稻根部病害的一类重要病原线虫，通常可导致水稻减产 10%以上。

1. 发生特点

孢囊线虫由于雌虫的体壁角质化，从而形成一个充满卵的孢囊。由于孢囊可以在土壤中存活时间较长且抗逆性较强，药剂难以透过孢囊壁作用于卵，因此孢囊线虫是一类很难防治的病原物。孢囊线虫主要为害作物的根部，由于为害症状与缺肥、缺水等生理症状类似，在苗期不易被重视和发现。孢囊可以通过水流、土壤和农事操作传播，在孢囊未达到一定数量时，对作物不会造成明显为害。但一旦孢囊数量达到一定阈值，该病害会大规模发生。孢囊线虫对农作物的为害长期存在，且很难根除（Niblack，2005）。

旱稻孢囊二龄幼虫在当地5月中旬开始侵染水稻根系，孢囊在6~8周后开始形成（Shimizu，1976）。研究发现，旱稻孢囊线虫适宜的孵化温度是28℃~32℃，与玉米孢囊线虫（*H. zeae*）类似（Hashmi *et al.*，1995）。

2. 分布范围

旱稻孢囊线虫最早发现于日本栃木县山地稻田中（Ohshima，1974），广泛分布于日本的东北地区和九州地区，曾经是造成日本山地水稻连作障碍的一个主要因子。该线虫在我国、伊朗和欧洲均有分布，主要侵染水稻。在我国主要分布于湖南、广东、广西、江西、湖北等地（Ding *et al.*，2012；卓侃等，2014），是一种为害水稻的固着性内寄生线虫。在欧洲，旱稻孢囊线虫目前仅发现分布在意大利北部，主要侵染玉米（Francesca *et al.*，2013）。

3. 经济为害性

旱稻孢囊线虫引起的作物产量损失范围在7%~19%（Bridge *et al.*，1990）。该病害发生时，除吸收寄主的营养和对植物根部造成伤害外，还降低水稻对水的利用效率，从而破坏水稻的正常生理活动，并影响生长发育，最终导致水稻减产，大米品质下降。若是在分蘖期为害，其造成损失则更为严重（Shimizu *et al.*，1976）。因此，旱稻孢囊线虫对水稻的生产具有巨大的潜在威胁。

二、生物学特性及发生规律

孢囊线虫在寄主植物根系内取食。固着型雌成虫在受精和产生受精卵后体壁会角质化成褐色。产生的孢囊在条件合适、找到附近的寄主植物之前，都会保护其后代生活相当长一段时间。正是这种持续能力可以让孢囊存活在缺乏寄主植物的土壤中很多年，并使孢囊线虫成为农业生产中具有重要为害性的一类病原物（刘维志，2000）。

1. 生活史

旱稻孢囊线虫在卵壳内经胚后发育和一次蜕皮，从一龄幼虫发育成二龄幼虫（J2）（丁中等，2012）。不良的外界环境，能使孢囊线虫的生长发育停滞，进入休眠状态。孢囊线虫表现出的休眠形式主要是滞育和静止两种。滞育是一种抑制发育而使线虫不能孵化的状况，这种状况直到必要条件得到满足才发生孵化。它使 J2 能克服那些不利于孵化的环境条件，如极限干旱或温度等。滞育的程度随种类的不同而有所变化。孢囊线虫专性滞育的持续时间受到寄主植物经历光周期的影响，未孵化的 J2 线虫如果来源于持续光照作用生长的植物上，则不表现出专性滞育现象。除了专性滞育外，兼性滞育会受到发育后期外部因素的推动。一旦滞育完成，J2 可能会进入静止状态，生活史进一步的发展依靠多种环境来影响（Perry *et al.*，2006）。

土壤温度的上升以及寄主根系所产生特定孵化刺激因素——根渗出物或流出物，可以影响孢囊线虫生活史。孢囊线虫在种间的最适合孵化温度上有较大差异。一般认为，适应温暖气候的孢囊线虫，其最适孵化温度也较高，而那些在冬季或早春时期侵染寄主的孢囊线虫具有较低的最适孵化温度（Duan *et al.*，2009）。所有孢囊线虫种类遇到合适根渗出物都会大量孵化。线虫孵化对根渗出物的依赖是一种生存机制，寄主范围较窄，依赖程度也相对较高，而寄主范围较广，相对依赖性就低。土壤类型也能影响孢囊线虫孵化率。通常粗糙结构的土壤有利于孵化，也有利于线虫侵入根系。这种结构为土壤透气和线虫移动提供了适合条件，在田间容载力最大的土壤中孵化量最大，而干旱和水涝都会抑制孵化。根据线虫种类和环境条件的不同，未孵化的 J2 可以在孢囊中休眠很多年。当环境条件合适时孢囊线虫才恢复生命力，J2 用它的口针在卵壳上切出缝隙并从卵中孵化出来，开始活动。

孢囊线虫一旦孵化，J2 离开孢囊的方式有多种，可以从孢囊自然的孔口，阴门锥膜孔，也可以从雌虫头部破损颈部离开孢囊。作为生存策略，并不是所有的幼虫都同时孵化释放，一定比例的 J2 仍然会保存在孢囊内或者外部的卵囊中。根据环境条件的差异，孢囊线虫不同种间及个体产生的卵囊有所变化。释放到土壤的 J2 最初会依赖寄主根系释放的化学成分寻找合适寄主。进入寄主根系后，J2 会从紧靠根尖生长区的后方位置侵入，随后转移到中柱鞘选择合适的取食位点。中空口针刺破细胞壁，压迫质膜凹陷但并不撑破质膜，直至最后形成取食管。J2 通过口针吸入寄主细胞的内合物，并将含有大量效应子的分泌物注入寄主细胞内。此类特殊交互作用将会诱导寄主根细胞发生改变以及细胞壁的破坏，形成含有浓密颗粒细胞质的大型合胞体，从而为线虫发育提供所需要的营养。

孢囊线虫 J2 经 3 次蜕皮发育后，雌虫撑破根皮层，雄虫脱离根系进入土壤。雄虫在土壤中自由生活且不取食，仅生存很短的时间，雄虫受雌虫发散出来的性信息素的吸引，与之进行多次交配，交配后，卵内胚胎发育形成 J2 之前，依然保存在雌虫体内。雌虫死后表皮变褐色并形成坚韧的保护性孢囊，其中包含几百粒受精卵，卵的数目取决于线虫种类和主要的环境条件。

多种孢囊线虫的孵化适宜温度为 15~29℃，旱稻孢囊线虫其适宜的孵化温度范围为 28 ~ 32℃，高于禾谷孢囊线虫（*H. avenae*）（15℃）、大豆孢囊线虫（*H. glycines*）（24℃）和甜菜孢囊线虫（*H. schachtii*）（25℃）的最佳孵化温度，与玉米孢囊线虫（*H. zeae*）的适宜孵化温度相似，最佳孵化温度均为 30℃（贺沛成等，2012）。

水稻根渗出物可以刺激旱稻孢囊线虫虫卵的孵化（Shimizu，1976）。在湖南长沙地区土壤中二龄幼虫的数量从每年 7 月开始持续增长，而 10 月到晚稻收获期幼虫数量逐渐减少。二龄幼虫侵染水稻，逐步发育并形成卵囊。旱稻孢囊线虫在长沙地区一年可发生 6~8 个世代。

研究发现，旱稻孢囊在30℃恒温黑暗条件下，二龄线虫接种后大部分聚集在根尖分生区或伸长区附近（图2-1A），接种后24h即有少量二龄幼虫侵入水稻根系，其侵入部位主要是根的伸长区（图2-1B）。接种后3~4天为二龄幼虫集中侵入根系的时间。二龄幼虫侵入根系后大多在根的内部，与根的长轴大致平行并在根的中柱建立取食点。二龄幼虫从接种至蜕皮发育成三龄、四龄幼虫分别历时3天和5天，其虫体逐渐发育膨大（图2-1C~D），接种后6天虫体突破根皮层组织，其头部保持固定在中柱（图2-1F）。接种后8天可在根内观察到发育成为雄虫的四龄幼虫，其虫体呈卷曲状（图2-1E）；接种后10天雄虫离开根系并与雌虫交配，12天雌虫从阴门处产生胶质团（图2-1F），13天可见雌虫将部分卵产于胶质团中形成卵囊（图2-1G）。

每个雌虫在卵囊内平均可产卵117粒。接种后16天，成年白色雌虫开始变为淡褐色孢囊，成熟的孢囊内平均有卵205粒。对已成熟褐变的孢囊在30℃下采用土壤浸液进行孵化试验，发现6天后有二龄幼虫从孢囊内孵出。在30℃下，旱稻孢囊线虫寄生在水稻根部的最短生活周期为18天。接种后18天，胶质卵囊中的卵孵化出二龄幼虫并进入下一个侵染循环，22天左右达孵化高峰。

相对于其他孢囊线虫，旱稻孢囊线虫的生活周期相对较短，这可能与其侵染特性有关。研究中观察发现部分幼虫仅虫体部分进入根内，表现出根内半寄生的特性，该特性与拟水稻孢囊线虫（*H. oryzicola*）及木豆孢囊线虫（*H. cajani*）较为相似，并被认为正是由于该特性减少了根对线虫的机械束缚，从而导致了部分线虫的发育时间缩短。旱稻孢囊线虫在与水稻长期的协同进化过程中形成了喜温的生物学特性。与其他热带分布的孢囊线虫相似，该线虫的孵化、侵染和发育均需30℃左右的高温。旱稻孢囊线虫在较高的温度、适宜的水分条件下，雌虫可产生胶质卵囊并在卵囊内产更多的卵，这些卵在水中就可以大量孵化出二龄幼虫侵染水稻，从而将导致水稻根系寄生的孢囊线虫数量激增。

通常孢囊线虫生活史约在30天完成（Perry *et al.*，2006），但是温暖的气候条件下，生活史时间可能会变短。旱稻孢囊线虫的生活周期因不同环境条件影响存在一定差异，日本群体从二龄幼虫发育成雌成虫需6~8周（Shimizu，1976），而在我国湖南地区二龄幼虫从接种到水稻植株到根系上形成白雌虫需要16天，

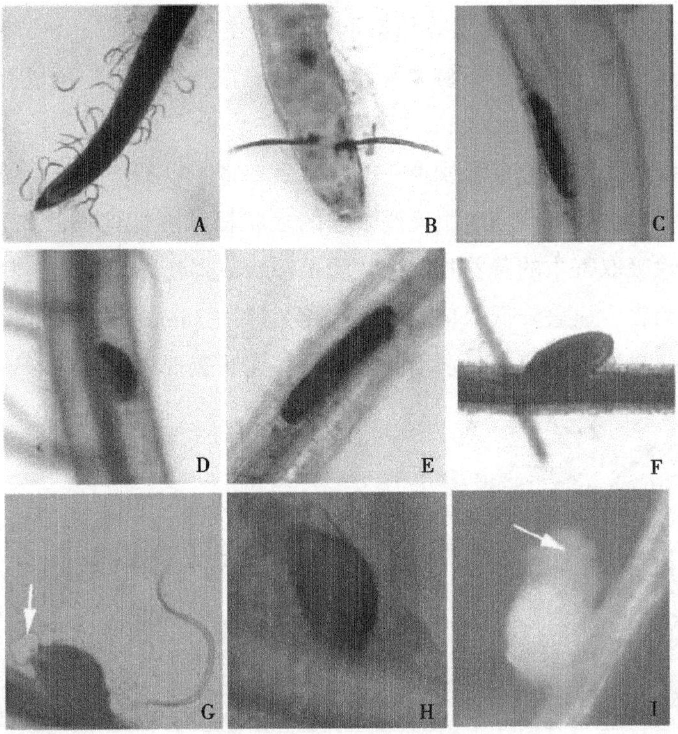

图 2-1　旱稻孢囊线虫在水稻根系的发育过程（丁中等，2012）

A-二龄幼虫聚集在根尖分生区或伸长区；B-二龄幼虫侵入根内；C-三龄幼虫；D-四龄幼虫；E-根内的雄虫；F-白色雌虫；G-产生胶质团的雌虫和雄虫（箭头示胶质团）；H-胶质卵囊（箭头所示）内有卵的白色孢囊；I-褐色孢囊

完成一个生活周期最短需要 22 天（丁中等，2012）。

2. 为害症状

孢囊线虫为固着性内寄生线虫，主要在寄主根系内取食，改变寄主植物的形态，如抑制寄主的生长、导致植株叶片的营养缺乏和降低作物的产量等。孢囊线虫在土壤中有非常强的生存能力，可在缺乏寄主植物的土壤中存活多年，从而限制了轮作对孢囊线虫的防治效果，而药剂也难以透过孢囊壁对卵产生影响。孢囊线虫为害初期主要症状表现为叶片自下而上黄化、生长稀疏、长势较弱，与缺水、缺肥等生理症状相似，不易被发现。当孢囊数量达到一定阈值，将严重影响作物的生长和产量（Bridge *et al.*，1990）。

旱稻孢囊线虫与其他孢囊线虫一样，寄生在寄主根部，吸收营养，为害寄主的生长发育，其为害症状与水肥失调引起的症状极其相似（图 2-2）。该成虫对水稻的为害除吸取寄主的营养和对植物的根部造成损伤外，还能与其他病原菌复合侵染加重为害，显著降低水稻对水的利用效率（Shimizu，1976）。由于对水稻根系的损伤，旱稻孢囊线虫对水稻的主要为害症状表现为早衰。

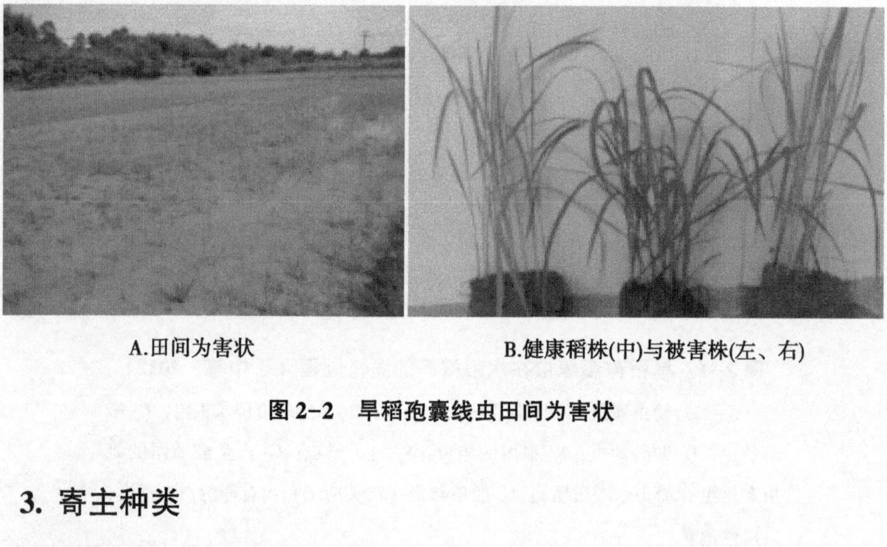

A.田间为害状　　B.健康稻株(中)与被害株(左、右)

图 2-2　旱稻孢囊线虫田间为害状

3. 寄主种类

旱稻孢囊线虫主要寄主是水稻，还可以侵染日本粟（*Echinochloa esculenta*），玉米（*Zea mays*），小麦（*Triticum aestivum*）和燕麦（*Avena sativa*）。此外，还可侵染稗草（*Echinochloa crusgalli*）等杂草。

4. 致病机制

植物线虫对寄主致病机理理论上主要可以分为 3 种。一是由于线虫取食或穿刺的机械作用而造成寄主严重的机械损伤。孢囊线虫的二龄幼虫进入寄主根维管束内取食，用头部口针刺穿根部表皮层组织的细胞壁，这使得根组织细胞坏死或损坏，侵入造成的机械伤口也是其他土传病害病原菌入侵的通道。二是线虫与其他病原相互作用引起病害。线虫所引起的病害很少是它单独起作用，通常是由线虫引发病理过程，紧接着细菌和真菌参与感染寄主，损害由几种有机体的联合作用。在真菌性病害中，线虫影响寄主组织对其他病原侵染的适应性，并能使某些通常不致病的真菌变成病原（Ponell *et al.*，1971）。三是线虫分泌物在寄主致病中的重要功能。由线虫表皮、侧器、食道腺分泌的蛋白质是线虫进行寄生生活所必需的。线虫表皮具有复杂的细胞结构，它对线虫形态维持、蜕皮及保护线虫不受体外环境侵害有重要作用。由真皮细胞表达并分泌至表皮的蛋白质不仅有构成线虫外骨骼的重要组分胶原蛋白，还具有能使线虫免受宿主防御系统伤害的蛋白质。马铃薯金线虫（*Globodera rostochiensis*）表皮分泌的谷胱甘肽过氧化物还原酶（glutathione peroxiredoxin）可能具有降解宿主细胞生成的过氧化脂肪酸，抵御植物氧化防御，保护线虫不受侵害并阻断植物防御信号途径的功能（Jones *et al.*，2004）。在马铃薯白线虫（*G. pallida*）中发现的脂肪酸结合蛋白（Gp2FAR21），能够与亚麻酸结合从而抑制植物抗性物质生成及茉莉酸信号途径（Prior *et al.*，2001）。侧器分泌的蛋白质影响线虫的蜕皮，可能有多种成分参与到线虫的寄生过程，从而影响线虫入侵植物组织的过程（Fioretti *et al.*，2002）。植物线虫借助中空的口针将线虫食道腺分泌物注入宿主组织或细胞中，在寄主组织或细胞中行使不同的功能（Tytgat *et al.*，2005），从而促进寄生（Mitchum *et al.*，2013）。在寄生过程中，线虫的分泌物可引起寄主细胞发生多种病理变化，包括细胞发育过度、分裂异常、细胞壁降解、细胞坏死等。目前，旱稻孢囊线虫对寄主的致病机制还没有深入的科学研究。

5. 线虫发育与环境的关系

旱稻孢囊线虫作为一种土传病害，受到土壤水分、温度、类型、化学和农药等多种环境因子的影响。

在环境因子中，农田土壤水分是决定植物线虫侵染、发育及为害程度的重要因子。土壤中的水分不仅是线虫生存栖息的必要条件，也是线虫迁移、扩散和侵染的重要介质。通常土壤水分饱和或淹水条件下不利于线虫的发生，且不同种类线虫对土壤湿度有不同的适宜范围，如大豆孢囊线虫在潮湿、雨水多、地势低洼的地块繁殖率低，在含水量低的地块发病重。而大豆孢囊线虫对土壤含水量的要求适中，其最适相对含水量为24%。

在气候变化水资源的日益短缺的大背景下，我国水稻在水分管理上提倡由传统的淹水灌溉模式向节水灌溉模式转变。节水灌溉模式及稻田季节性干旱为旱稻孢囊线虫的大量滋生提供了可能。淹水条件下不利于旱稻孢囊线虫的侵染，稻田土壤的水分状况是影响旱稻孢囊线虫发生的重要因素之一。半干旱控水及干湿交替灌溉模式有利于旱稻孢囊线虫的发生和繁殖，浅水层连续灌溉则不利于孢囊线虫的发生。红黄泥较黄土泥有利于孢囊线虫的发生和繁殖；沙质土麻沙泥相对于河潮泥不利于旱稻孢囊线虫的发生和繁殖。壤土比例较高的土壤有利于水分的保持，进而有利于线虫的活动，另外沙土比例较高的土壤易于造成土壤水分的流失，土壤干燥则不利于线虫的活动与侵染（陈琪等，2015）。

在环境因子中，土壤温度也是影响线虫病害发生的重要因素之一。不同的线虫种类以及同一线虫不同发育阶段都具有不同的适宜温度范围。在适宜的温度范围内，发育速度与温度呈正相关，温度越高，线虫发育速度越快，发生的世代数就会越多。近年研究表明，随着全球气候变化，线虫对植物的为害性正在加大。原局部发生的线虫为害有扩大的趋势。据政府间气候变化专门委员会（IPCC）第5次评估报告指出，1905—2005年全球平均气温升高了0.74℃（0.56~0.92℃）。影响作物生长发育的日温和夜温都有相应的升高。1979—2003年，全球年均日温和夜温分别升高了0.35℃和1.13℃（董思言等，2014）。温度的提高必将导致田间土壤中的线虫的世代数增加，加剧线虫的为害。旱稻孢囊线虫具有和水稻相似的喜温特性，如在孵化特性方面，该线虫的适宜孵化温度为28~32℃，且在28~35℃较高的温度条件下雌虫可在孢囊外形成含大量卵粒的胶质卵囊，在不需要水稻根系分泌物等刺激物的条件下，卵囊中的卵在水中即可大量孵化形成二次侵染，并在短时间内可建立起大量的种群对水稻造成为害。与旱稻孢囊线虫的孵化温度相比较，其二龄幼虫侵染进入水稻根系的适宜温度更高，在35℃下其侵染的线虫数明显高于30℃时的数量。在夏季高温和日照时长增加的情况下可能会导致旱稻孢囊线虫的大量繁殖。

除土壤湿度和温度外，土壤类型也是影响线虫孵化、侵染、发育的重要因子之一。通常，土质疏松、透气性良好的粗糙结构的土壤有利于线虫的孵化、侵入和生长发育。这可能与不同类型土壤的孔隙度有关。一般植物线虫在偏黏土壤中发病较轻，其主要原因可能是因为黏土颗粒间孔隙较小，不利于线虫的迁移，从而使得线虫孵化后不能有效地到达寄主植物根部进行侵染，而沙质土壤颗粒间孔隙较大，适合线虫迁移，因此发病较重。同时，土壤质地也决定了土壤的保温性及透水通气性。在农田实际情况下，土壤温度、土壤湿度和土壤质地对植物线虫共同作用并相互影响。

三、检测技术

1. 形态学方法

依据形态学特征对线虫进行分类鉴定是最直观、最常用的鉴定方法，它是以线虫的形态和结构特征为依据，是线虫分类学的基础。早期的线虫鉴定形态学方法是分类的最主要的依据（Evans *et al.*，1998）。目前，形态鉴定依然是非常重要的依据。

孢囊属的线虫种类整体形态非常相似，通常只有非常细微的差异。在土壤中，成熟雌虫（或孢囊）以及 J2 是最经常发现的虫龄阶段，在诊断上非常重要。尽管 J2 是分离土壤时最容易获得的样品，但仅用 J2 来鉴定不足以信赖，如果仅仅在土壤中发现幼虫，应该重新采集样品获得孢囊样本。J2 特征与孢囊特征一同用于种类诊断，口针长度、基部球的位置及形状是重要的鉴定特征。研究还发现，头部环纹数目、S-E 孔和肛门处的体宽、两个尾长（包括肛门到尾尖的长度和透明尾长度）是诊断的重要特征（Perry *et al.*，2006）。

一般孢囊线虫的成熟雌虫膨大成球形，亚球形或者柠檬形，体腔内存在发达的卵巢和卵。成熟雌虫的头区有环纹，口针和食道发育良好，有明显的中食道球，位于线虫身体的前部形成颈。阴门位于虫体与颈部相对的另一端，阴门裂横

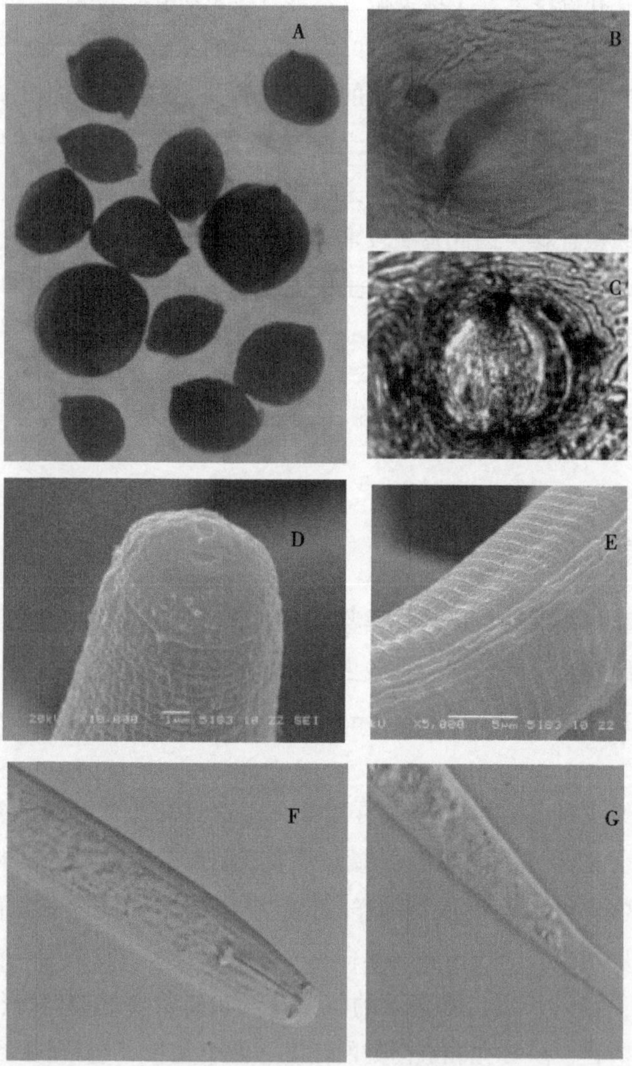

图 2–3　旱稻孢囊线虫形态特征

A：孢囊；B：阴门锥内的下桥和囊泡；C：阴门锥的下桥和膜孔；D：2 龄幼虫头部；E：2 龄幼虫侧浅；F：2 龄幼虫头部；G：2 龄幼虫尾部

向开口。孢囊是雌虫表皮由多酚氧化酶变褐形成，保持雌虫形状。孢囊表面覆盖的皱褶源于雌虫表皮脊状花纹。阴门周围有一薄壁区域被阴门环绕，可能是角质层部分丧失形成的开口，称为阴门膜孔（图2-3C）。孢囊的膜孔在初期有一层膜状组织，后期破损在孢囊壁上留下一孔口。膜孔有三种主要类型：环膜孔（circumfenestrate）、双膜孔（bifenenestrate）和双半膜孔（ambifenestrate）。根据是否有膜孔及其形状的不同，可以用于确定属别。特定孢囊的其他测量值用于鉴定属和种。

孢囊线虫的分类主要依据是其孢囊及二龄幼虫的形态。旱稻孢囊线虫的孢囊呈梨状，初期为白色，渐变深，最后变为深褐色（图2-3A）。阴门锥具有膜孔，膜孔为两侧的半膜孔型，阴门锥内有明显的下桥结构和少量深褐色的囊泡（图2-3B）（丁中等，2012）。二龄幼虫被热杀死后，虫体略向腹面弯曲，并向两端逐渐变细小，唇区呈半球形状，略缢缩；唇环在唇区有3个；口针粗壮，长16.5~19.2μm，口针基部呈圆球形或锚状；半月体长2~3μm，并且清晰，位于排泄孔前的1个体环处，排泄孔至体前端83.0~95.1μm；侧区具有3条侧线；圆锥状的尾长，大约是肛门处体宽的5倍，末端细且圆；透明尾长约占尾长的50%；侧尾腺孔较小，位于肛门后5~6个体环处（图2-3D-G）（何洁等，2015）。旱稻孢囊线虫属于Cyperi群组，在形态上与*H. oryzae*、*H. sacchari*和*H. leuceilyma*非常相近。与*H. oryzae*相比，孢囊略小，二龄幼虫长度略短。

2. 同工酶电泳技术

同工酶作为一类蛋白质，广泛存在于生物的同一种属，同一个体的不同组织，同一组织或同一细胞中。根据同工酶来源和结构的不同，从遗传学的角度可将它分为4类：单基因决定的同工酶、多基因决定的同工酶、复等位基因决定的同工酶和修饰同工酶或次生同工酶。在生物进化过程中，同工酶是为了适应细胞代谢的多方面需求而产生的，其功能在生理上表现为对代谢的调节作用。在遗传上，当一种酶同时受几个基因控制时，更容易适应环境的变化，一个基因由于突变而无用时，其他基因的存在仍然可以产生类似作用的同工酶，这有助于机体减小基因突变造成不利后果的影响。

同工酶分析技术是通过电泳和组织化学方法进行特异性染色而把酶蛋白分子分离，并将其位置和活性直接在染色区带以酶谱的形式标记出来的技术。同工酶是基因分子水平的表现型，基因的微小变化都会引起同工酶的变化。因此可以从同工酶谱的变化揭示种间的亲缘关系。同工酶分离方法主要有电泳法、层析法、酶学法和免疫学法等，其中以电泳法应用最为广泛。其原理在于同工酶是功能相同但结构不同的一组酶，由于其结构中氨基酸序列或组成有差异，致使同工酶在电泳时，其迁移率也存在差异。

同工酶分离主要使用聚丙烯酰胺凝胶电泳（PAGE），等电聚焦（IEF）和双向电泳（2D）等电泳技术（Powers *et al.*，1998）。蛋白质电泳是最早应用于线虫学的分子技术，从线虫中提取可溶解的蛋白质可根据分子质量的差异在电场中被聚丙烯酰胺或淀粉凝胶区分开来。线虫提取物中有上千种蛋白质，但是对每一样品进行特异性染色后会出现一特异性条带图谱。种群间条带图谱的差异可作为分类标记。等电聚焦技术可以利用在 pH 梯度中蛋白质电荷不同区分蛋白质，目前等电聚焦技术是马铃薯白线虫和马铃薯金线虫的常规诊断技术（Kareern *et al.*，1995），也用于其他孢囊线虫种的鉴别。在球形孢囊属（*Globodera* sp.）、孢囊属（*Heterodera* sp.）、根结线虫属（*Meloidogyne* sp.）和其他许多线虫类群都进行过有关同工酶的深入研究（Subbotin *et al.*，1996）。多种线虫种群中，均发现同一种内不同群体间的同工酶谱存在较大差异，但是对根结线虫种内变异相对很小（Esbenshade *et al.*，1987）。双向聚丙烯酰胺凝胶电泳（2D-PAGE）可获得任一特定样品的较准确的蛋白质分离和指纹图谱。第一维根据电荷分离蛋白质，第二维根据质量分离蛋白质。经染色后，通过各种大小、形状和亮度的斑点来表现各种特异蛋白质。此技术已经在球孢囊属和根结线虫属的种以及种内群体鉴别中广泛应用。

3. 鉴别寄主反应

水稻植株受到水稻孢囊线虫侵染为害后，其植株根系生长受阻，颜色呈现出褐色或黑色，并且根系的表面可见到白色的雌虫与褐色的孢囊。受侵染植株的根系次生根数量明显增加，并且根系显著变小，根系的功能也有一定的降低。地上部分的叶片也表现出褪绿现象，水稻植株生长发育缓慢、矮化、有效的分蘖减少，苗期可能出现死苗现象（Bridget，1990）。旱稻孢囊线虫为害水稻根部，影响株高、有效穗数、实粒重、千粒重等农艺性状。随着接种密度的加大，其各个指标均呈下降趋势，即接种密度越大，对水稻的生长发育及产量影响也越大（待发表）。

4. 细胞遗传学方法

孢囊线虫主要的细胞遗传学特征是生殖方式，卵母细胞成熟过程和染色体数目，但是多数孢囊线虫种的染色体数目基本相同（存在不同种间的重叠问题），但操作上难度较大，所以在种类鉴定上难以应用（Perry *et al.*，2006）。

5. 分子检测技术

孢囊线虫近缘种的区分通常通过孢囊形态学上的差别，这需要鉴定人员具有丰富的专业知识，且鉴定过程耗时、费力，为了弥补形态学鉴定的不足，快速、准确地对孢囊线虫进行鉴定和检测，分子检测技术迅速发展。

以 DNA 为基础的分子诊断技术为线虫鉴定提供了有效的途径。DNA 不依赖于基因产物表达，也不受环境和线虫发育阶段的影响。随着分子诊断技术的快速发展，目前已探索出多种线虫种群分类的分子诊断方法和技术。核糖体 DNA（ribosomal DNA，rDNA）的编码区和非编码区的比较分析是许多植物寄生线虫鉴定中普遍采用的技术。聚合酶链反应（PCR）技术的发展和应用，已经成为线虫多态性及鉴定研究中最常用的技术。一方面，直接分析 PCR 产物序列建立系统发育簇，或比较 PCR 产物的 RFLP 图谱可以揭示不同种线虫差异；另一方面，设计特异性引物可以进行线虫种鉴定和检测。

在植物寄生线虫的研究中，PCR 技术及其衍生技术如多重 PCR、固相 PCR、PCR 芯片等对线虫分类鉴定和检测有重要作用。ITS 区域（ITS1 和 ITS2）位于 rDNA 基因的 18S 和 28S 之间的重复区，表现多方面遗传标记。在线虫基因组 DNA 中，rDNA 是一个重要的分子诊断靶标。rDNA 总长度为 7～13kb，其中的 18S、5. 8S 和 28S 基因序列为保守序列，在大多数物种间变化很小。但是内转录间隔区 ITS1 和 ITS2 却变化比较大，并且基因间隔区 IGS 的序列最不保守，物种间差异最大，这导致了即使来自同一个区域的生理小种间也能表现出差异。因此，rDNA 是 PCR 技术的重要靶标区域。PCR 技术扩增这个靶标区域，能够很大程度上区分线虫的种甚至生理小种。这样就使得 PCR 很容易扩增更多变异性和分类学上有价值的 ITS 区域的片段。已经有很多线虫种的特异性引物，并使 PCR 扩增的灵敏度达到单头线虫甚至更低的量，可以应用实际工作中线虫种的检疫检测。

（1）RFLP

RFLP 分析是指用限制性内切酶处理不同生物个体的 DNA 后，通过显示含有同源序列的酶切片段的大小，来检测个体间差异的技术。具体来讲，其原理为，由于长期进化，生物的种、属间同源 DNA 序列的限制性内切酶识别位点各不相同，因此通过比较 DNA 片段的多态性，可以揭示种、属间甚至品种间的差异及相关性。在所有 DNA 标记中，RFLP 最早被用来构建连锁图谱。它最初用来构建人类基因组图谱，后来被广泛用于植物研究。与传统的标记相比，RFLP 标记具有以下几个优点：RFLP 标记在等位基因之间是共显性的（co-dominant），没有上位或多效现象。因此在配制杂交组合时不受显隐性关系的影响，在任何分离群体中都能区分所有基因型。其次，RFLP 标记不受发育阶段和环境条件的影响，具有稳定遗传和特异性的特点，这些都是同工酶技术所无法比拟的。最后，RFLP 标记比同工酶数量多，可产生和获得更多表达种、属遗传差异的多态性信息。

在线虫的 RFLP 研究方面，由于植物寄生线虫的基因组 DNA 碱基序列较长，基因组 DNA 的 RFLP 分析后，基因组片段较多，有些片段的大小和长度很相近。经琼脂糖凝胶电泳后，这些片段在琼脂糖凝胶上会有一定的重叠从而使结果复杂，不容易被观察和发现差异，必须通过其他技术进行辅助研究。在孢囊线虫的检测中，核糖体 RNA 基因内转录区（ITS）的 PCR 限制性长度多态性（PCR-RFLP）是一种很可靠的鉴定方法。分析 rDNA-ITS 区域的 RFLP 图谱和序列可以更有效地鉴定和分辨更多的农业重要孢囊线虫种或近缘种。使用引物 ITS1-F40/ITS1-R380 扩增大豆孢囊线虫和甜菜孢囊线虫的 ITS1 区并用限制性内切酶 *Fok* I

酶切，可以明显区分这2个种（Szalanski *et al.*，1997）。使用7种限制性内切酶的组合对ITS区扩增产物进行酶切，能清楚区分25种异皮属线虫（Subbotin *et al.*，2000）。对中国和美洲（美国、加拿大、阿根廷）的大豆孢囊线虫的rDNA-ITS区序列进行酶切，中国的大豆孢囊线虫群体产生3条片段，而美洲的11个群体均产生2条片段，显示出群体存在异质性（许艳丽等，2004）。对旱稻孢囊线虫，基于*BsuR*I、*Cfo*I和*Rsa*I等酶的PCR-ITS-RFLP技术能将旱稻孢囊线虫与其他线虫种区分开（Tanha *et al.*，2003）。2011年，从广西龙胜梯田采集的水稻根系和稻田土壤中分离到一种旱稻孢囊线虫，对线虫种群进行rDNA-ITS扩增后，采用7种限制性内切酶对PCR产物进行酶切获得rDNA-ITS-RFLP图谱，表明此旱稻孢囊线虫的rDNA-ITS序列存在DNA异质性，表明旱稻孢囊线虫种内不同种群间的差异（卓侃等，2014）。

目前，我国的孢囊线虫种用RFLP分析均能区分开来，但是RFLP中酶的种类较多，酶切时间也较长，检测耗时也相应增加，处理大批量样品时工作量仍然较大。因此，RFLP分析虽然能体现致病型的分化和遗传多样性，但在快速分子诊断方面仍有不足。

（2）RAPD

应用RAPD-PCR更为方便，不用考虑种属间基因上的限制，观察RAPD图谱，更能清楚地了解线虫基因组整体上存在的差异，全面研究线虫群体内遗传变异。无论是以何种方式得到属、种间或种内基因的差异，都可为其进行标记。RAPD是立足于多聚酶链式反应发展起来的一项新的分子标记技术。它以不同的基因组DNA为模板，以单一的随机寡聚核苷酸作引物，通过PCR反应，产生不连续的DNA产物。由于不同基因组DNA序列存在差异，其不同区段上可与引物同源互补的位点不同，扩增产物的数量、大小也不同。扩增产物经琼脂糖电泳后为不连续的条带，表现出DNA的多态性。RAPD技术应用非常广泛，RAPD分析程序简单、周期短、所需DNA量极少（一般为5~25ng）且质量要求不苛刻；设备简单，它使研究者可以快速高效地获取涉及许多个体或基因型的许多位点的DNA序列多态性资料。另外，由于它不受种属特异性和基因组结构限制，一套引物可用于任何物种，包括那些无任何分子生物学研究基础的物种，因而该技术非常适用于群体遗传学、种质资源鉴定分类、生物多样性分析及目标基因标记等研究。另外，由于 RAPD 标记能在一次反应中检测基因组的多个位点，而且可以快速寻找某一区域连锁的 DNA 标记，因而可以在 RFLP 连锁间隔补充新的 DNA 标记，或者增加同一区域分子标记的密度。RAPD 在植物线虫上广泛使用，运用 RAPD 标记可区分十字花科孢囊线虫（*H. cruciferae*）和甜菜孢囊线虫（*H. schachtii*），用 10 个不同的随机引物扩增小麦孢囊线虫不同种群的 DNA，可产生了 78 条清晰的谱带（Edward *et al.*，1992）。Lopez 等（1995）对禾谷孢囊线虫群体进行 RAPD 分析。Li 等（1996）使用 RAPD 标记技术研究大豆抗性品种与大豆孢囊线虫的致病型之间的关系。章彦等（1998）利用 RAPD-PCR 技术，对 7 个抗大豆孢囊线虫的大豆材料和 10 个感病大豆品种的基因组 DNA 进行了 RAPD 分析，获得了 5 个与大豆孢囊线虫抗性相关的 DNA 片段。

RAPD 标记的缺点也显而易见，它所用的引物较短，并采用较低的退火温度，使其重复性差，易产生非特异性的条带。RAPD 容易受到各种因素的影响，比如模板的浓度和质量、基因组的复杂性、PCR 循环次数、技术设备等，都可能使得 RAPD 技术重复性差。

（3）AFLP

扩增片段长度多态性（AFLP）是最受欢迎的指纹识别技术之一，不需要预先知道目的序列的信息，结果比较可靠且稳定，利用 AFLP 技术来比较孢囊线虫不同种及群体可显示出更大的种内及种间的变异性。AFLP 分析是 PCR 与 RFLP 相结合的一种技术。AFLP 的基本原理是选择性扩增基因组的酶切片段而产生多态性，选择性扩增是通过引物的末端加上选择性核苷酸而实现的。其检测方法是：首先设计针对某种限制性内切酶的通用接头（adapter）以及可与接头序列和限制性内切酶酶切位点序列配对的专用引物。通过用限制性内切酶酶解基因组 DNA，再将接头接到限制性片段的两端，用专用引物扩增连接后的限制性片段的混合物，扩增结果通过电泳显示。为了达到选择扩增的目的，专用引物在酶切位点的序列的 3′端延伸出 1~10 个数量不等的脱氧核苷酸。这些延伸的核苷酸的碱基组成是随机的，因此，通过调整引物 3′端的选择碱基种类与数目，就可调节 AFLP 产物的条带的特异性和数量。由于不同材料的酶切片段存在差异，因而便产生了扩增产物的长度多态性。它结合了 RFLP 和 RAPD 的优点，所需 DNA 量少，结果稳定可靠，重复性好，多态性高，易于标准化。每个 AFLP 反应可以检测的位点多达 100~150 个，非常适合遗传多样。AFLP 技术在孢囊线虫的检测应用中相对较少。例如，Rolf（1996）利用 AFLP 技术对 24 个马铃薯孢囊线虫进行了研究。

（4）SSR

SSR 技术（Simple Sequence Repeat）即微卫星 DNA 标记，真核生物基因组中普遍存在着简单的重复序列，它们常连续重复多次，而且不同物种其重复序列及重复单位数不同。重复序列的两端往往是趋于保守的 DNA 序列，因此可以在重复序列的两端设计特殊的引物，经 PCR 扩增反应、凝胶电泳和染色，从而得到因简单重复序列重复单位数不同而引起的扩增片段的多态性。它具有 RFLP 的优点，又比 RAPD 重复性和可信度高。SSR 标记系统的不足之处在于前期工作复杂，涉及大量 DNA 序列分析及引物合成，工作量大，费用高。目前 SSR 已在遗传图谱绘制、遗传多样性分析、比较基因组研究和系统学研究中广泛应用（Song *et al.*，1998；刘何等，2015）。Thiery 等（2000）首次将微卫星分离技术应用到植物寄生线虫上，对马铃薯白线虫的基因组文库进行了分析，设计特异性引物并检测了不同的马铃薯白线虫群体及球形孢囊线虫属的其他线虫种类。He 等（2003）获得了标准剑线虫的 7 个微卫星分子标记，其中有 6 个可用于标准剑线虫的诊断和种内群体遗传多态性的分析。Mallez 等（2013）运用特异 PCR 扩增和多态性检测，筛选出 17 对微卫星分子标记，并对 4 个不同地区和实验室收集的松材线虫群体进行了遗传多样性评估。许峻荣等（2014）根据松材线虫全基因组序列设计 36 对微卫星引物，并从中筛选出 7 对具有多态性的微卫星分子标记。但 SSR 技术缺点在于所需费用较高并且工作量大。

（5）ISSR

ISSR 又称简单序列重复区间扩增，是在微卫星技术上发展起来的一种新型分子标记技术。以湖南省旱稻孢囊线虫基因组 DNA 为模板，已经建立旱稻孢囊线虫 ISSR 反应体系并进行优化。通过正交试验设计方法，针对 dNTPs、Taq 酶、引物浓度、DNA 模板 4 种因素对 ISSR 反应体系的影响，发现 dNTPs 的用量对产物的影响最大，模板 DNA 的用量对产物的影响最小。成功建立适合旱稻孢囊线虫 ISSR-PCR 的稳定反应体系。基于 rDNA-ITS 和 ISSR 研究旱稻孢囊线虫的分子特征和遗传多样性，对了解该线虫的传播方式、种间遗传差异，特别是种内生理分化或致病性分化，以及该线虫病害的防控具有重要意义（崔思佳等，2016）。

（6）特异性引物

孢囊线虫分子检测的发展是快速增长的热点研究方向，种特异性引物可以将孢囊线虫有效的区分。目前有很多线虫种的特异性引物被开发，这使得 PCR 扩增的灵敏度也在提高。ITS 序列在线虫分子诊断中有重要意义，分析线虫的 ITS 区域可以快速有效地鉴定农业重要线虫种及线虫近缘种。孢囊线虫属 ITS 片段长度基本相同，一般通过一种酶或几种酶酶切就可以将它们区分开。但是酶切方法比较耗时，并且工作量较大，利用特异性引物 PCR 检测方法不仅操作简单，耗时较短，而且结果准确度高。利用这一技术已成功建立起快速检测甜菜孢囊线虫、大豆孢囊线虫、禾谷孢囊线虫、马铃薯孢囊线虫的方法。

根据旱稻孢囊线虫和常见孢囊线虫的 ITS 序列比对分析，目前已经成功设计了 1 对旱稻孢囊线虫特异性引物 He-F/He-R，特异性片段长度为 281 bp。运用该特异性引物及建立的 DNA 提取方法和 PCR 体系，可特异性检测旱稻孢囊线虫单条二龄幼虫，可以从混合含有 1 条旱稻孢囊线虫的 0.1g 水稻根组织中特异性检测出目的 DNA 片段。特异性引物 He-F/He-R 与通用引物 D2A/D3B 结合，运用一步双重 PCR 检测方法可快速鉴定单孢囊，也可从初始分离的田间土壤线虫样品中直接检测出旱稻孢囊线虫。该方法灵敏度高，特异性强（王水南等，2014）。

（7）印记杂交技术

印记杂交技术是使用 PCR 扩增靶标 DNA 产生地高辛标记的片段与纤维素膜上的特异的固定的寡核苷酸探针杂交。这个技术可以通过对 rDNA-ITS 区域的片段杂交后同时鉴定一个样品中许多不同的线虫种。Abad 等采用异源探针 Unc-22 基因比较了松材线虫与拟松材线虫和伪伞滑刃线虫（*B. fraudulentus*）种间群体基因组同源区，发现该三种线虫相互间存在明显遗传差异（Abad *et al.*，1991）。Tares 等用同源 DNA 分别开发了松材线虫和拟松材线虫的特异性探针（Tares *et* al.，1992）。Harmey 等利用克隆出来的线虫重复 DNA 序列设计出 X14 探针，进行 DNA 扩增指纹分析，找出了一条松材线虫的 4kb DNA 特异性片段（Harmey *et al.*，1993）。

（8）实时荧光（Real-time）PCR 技术

实时荧光 PCR 是在荧光共振能量转（Fluorescence Resonance Energy Transfer，FRET）原理的基础上建立起来的。FRET 原理是指，当一个荧光分子的荧光光谱与另一个荧光分子的激发光谱相重叠时，供体荧光分子的激发能诱发受体分子发出荧光，同时供体荧光分子自身的荧光强度衰弱，FRET 程度与供体、受体分子的空间距离紧密相关。基于 FRET 原理，选择合成合适的荧光基团和淬灭基团对核酸引物或探针进行标记，通过核酸杂交、水解致使荧光基团和淬灭基团结合或分开，从而实时监测 PCR 反应过程的荧光信号变化，并进一步检测扩增反应中每一循环产物量的变化，通过 Ct 值（每个 PCR 反应体系中的荧光信号达到所设定的阈值时所经历的循环数）以及标准曲线对起始模板量进行定量分析。

实时荧光定量 PCR 技术可以进行相对定量检测和绝对定量检测，在线虫的检测方面有不少应用。实时 PCR 需要一个由热循环、荧光激发和散发收集的光学系统、计算机和分析软件组成的测量平台。PCR 定量技术直接测量样品中靶标 DNA 的拷贝数来估计线虫的数量因为其与靶标线虫数目成正比。实时技术允许用荧光探针杂交连续监测样品，也可以一个样品中几个线虫的定量，或双链染色（sYBRGreen）提供最简单最经济的监测和定量反应。与传统相比，实时 PCR 运行快速，同时监测和定量靶标 DNA，这一技术实现了 PCR 从定性到定量的飞跃。荧光定量 PCR 根据荧光产生的原理不同有染料法和探针法两种，探针法通过检测与靶序列特异性杂交的探针发出的荧光信号来定量扩增产物，而染料法是以荧光染料发出的荧光作为检测信号来指示扩增产物的增加。该技术具有实时测定、节约时间、重现性好、能精确定量的特点，省去了传统方法中扩增后的程序，有效地减少了污染和对人体的伤害。

自动体系克服了凝胶电泳估计 PCR 产物的量的过程和误差，然而荧光染料是有缺陷的。荧光染料对引物和 PCR 体系要求很严格，并且结合双链不特异，容易由于产生引物二聚体而发出错误的荧光信号，从而导致检测结果存在误差。

实时荧光定量PCR是病原物检测中一个极其重要的手段，它在线虫检测中也已被广泛应用。利用TaqMan探针法和SYBRGreenI染料法建立了一套快速、高效的检测松材线虫的方法，最快可在30min内完成对松材线虫的检测（葛建军等，2006）。Shaun等（2008）设计了三对特异性引物，利用SYBR Green I法实现对根结线虫、穿刺短体线虫（*Pratylenchus penetrans*）和剑线虫（*Xiphinema*）的荧光定量检测。应用实时荧光PCR对孢囊线虫检测的报道较少。Mehrdad等（2005）利用ITS-rDNA序列设计了两对特异性引物，分别检测马铃薯孢囊线虫和甜菜孢囊线虫，该检测方法可对仅含1条二龄幼虫的样品进行检测。南澳大利亚研发中心自1997年起开始提供包括燕麦孢囊线虫在内的麦田土传病害检测服务，并根据检测结果对取样地进行土传病害风险评估。

（9）DNA芯片技术

芯片技术是线虫鉴定的理想工具，它是以普通基因上一段特殊的核苷酸序列作为识别所有线虫和一个单一的DNA片段识别所有的生物的想法为基础的。它根据分离线虫、扩增目标基因、克隆、测序和系统发育分析得到种内容、丰度和多样性。目前，数据库还没有足够的DNA信息来进行线虫的种类鉴定。但是GenBank和NemATOL数据库的DNA序列的增加将使这个诊断成为现实。Szemes等（2005）设计了11种锁式探针，建立了基于实时荧光PCR-基因芯片的检测方法，采用锁式探针与微阵列相结合的方法，对10种植物病原物（真菌和线虫）在属、种和亚种水平上进行了分析，建立了特异性强、灵敏度高的检测技术体系，避免了过去基因芯片检测在常规多重PCR方面受到的限制，实现了高通量检测的目标。

四、综合治理技术

针对孢囊线虫的防治，应该采取“预防为主、综合防治”的植保方针，一方面，要严格控制孢囊线虫进一步的传播；另一方面，在已经发生孢囊线虫病的区域，应采取两种或两种以上的措施进行治理。而且该病害为土传线虫病害，用药方法和药剂的选择都要慎重考虑，要兼顾对线虫的防治效果和对环境污染两个重要方面。孢囊容易通过风、土壤中的小颗粒、寄主植物的感病根组织、流水、机械和动物而传播扩散。如果忽视这些因素，就会让有效治理和综合防治措施大打折扣。

1. 农业防治

可根据线虫的生物学、生理学、生态学的特性，利用多种农业方法来防治线虫，将线虫群体的数量限制在经济阈值以下，从而达到减轻为害的目的。一般只适用于种植前的土壤处理，对植物生长过程中发生的病害，效果较差。常用于孢囊线虫病的农业方法有休耕、轮作、加强田间管理以及适时调节播种时间等。

（1）休耕

孢囊线虫在单一的栽培制度下，连年种植寄主作物，将会使线虫群体密度达到极高的水平，从而加重为害。因而在种植模式单一，线虫为害较重且有条件的地区，可进行田地休耕，使线虫缺乏寄主而自然降低群体密度，可以显著减少土壤中孢囊线虫的线虫密度和种群数量。研究显示，一般的土壤休耕可使线虫种群密度减少到发病阈值以下。土壤是线虫越冬或越夏的主要场所，存在土壤中的孢囊可存活 1 年或多年。因此，在孢囊越夏的季节深翻土地，利用太阳暴晒高温可使土壤中孢囊数量降低 9.3%~42.4%，增产 4.4%~97.5%（Cook *et al.*，1987）。产生这类效果的原因可能是天气炎热温度高引起孢囊缺水而死。所以休耕的同时配合土壤漫灌、深翻、日光暴晒等措施，才能发挥更好的效果。然而，由于经济上的考虑，在许多地方休耕措施并不被提倡。因此，通过土地休耕或与非寄主作物轮作，使孢囊孵化后的幼虫找不到合适寄主不能正常取食而死亡，也可以有效降低孢囊线虫田间密度。

（2）轮作

轮作是控制孢囊线虫群体密度的有效措施，减轻病害的同时也不浪费土地资源。利用非寄主植物和寄主植物之间的轮作，可以把线虫种群密度降低到感病作物可以承受的范围，以便种植感病性的农作物（张邵升，1999）。孢囊线虫寄主范围窄，作物轮作已证明是控制孢囊线虫的一种重要方法。非寄主作物轮作可使田间孢囊线虫群体减少到临界阈值以下，轮作可称为有潜力的防治措施。同一地块上根据季节进行作物轮作是线虫治理中一种重要的方法，使用对土地具有不同营养需求和不同害虫问题的作物进行轮作，明显有助于生态系统的维护。轮作的基本前提是在一段较长时间内选择对同一线虫不感病、感病性弱或具有抑制性的寄主，使线虫种群密度不至于增加到为害水平，在种植下一个高度感病寄主时降低为害阈值。轮作顺序的安排或者感病寄主之间的种植时期可依据轮作作物对线虫的抗性、上一感病植物收获时线虫的种类以及线虫的种群密度。对线虫进行正确的鉴定及了解寄主范围的知识以及品种的感病性，对轮作成功与否起关键作用。但是因为受各种因素的制约，长时间的轮作在很多地区很难实现。

（3）加强田间管理

对发病的地块，通过施用有机肥（植物残体、动物粪便等），可以提高土壤肥力，供给水稻生长所需的养分。一方面，可以提升植株自身的耐病力，从而减轻病虫的损害；另一方面，土壤有机质的增加可以改变作物根际微生物群体结构，提高天敌种类和数量，降低线虫种群生殖力，使侵染作物的线虫数量减少，从而减少损失。研究表明，通过增加化学肥料（尿素、过磷酸钙）的施用可在一定程度上减轻病害的发生，可抑制孢囊线虫病的为害，并且具有丰产增收的作用（Perry *et al.*，2006）。

（4）其他方法

通过种苗管理可以限制线虫转移到其他不带线虫的种植区域。使用无菌基质将植物种植在苗床或苗钵中，能够有效降低线虫对大田作物的影响。

物理法处理土壤，通过土壤日晒、干热处理等方法进行土壤消毒，有助于处理后引进的生防菌在环境中定殖，也可以将植物寄生线虫的种群密度降低到生物防治能够治理的水平。使用土壤改良剂也可以用于线虫防治，几丁质的添加有助于土壤和根际中产几丁质酶微生物的增加，几丁质酶能够降解线虫上富含几丁质的卵壳。

土壤的有机改良不仅能改善土壤的理化性质，还能为植物提供良好的微生物环境。主要应用物质有壳质粗粉、植物残体、绿肥、饼肥、堆肥和粪肥等。其防病的机制主要是：第一，有机改良物质促进或刺激拮抗微生物群体数量的增加，达到杀死线虫或者抑制线虫发育。第二，有机改良剂在分解过程中释放对病原有毒的化学物质。第三，改善了土壤的营养条件，增强了植物自身的抗病能力。有机改良具有对环境无污染、改善土壤板结等优点，将来在防治植物线虫病害方面有较好的应用前景。增施有机肥可以改善土壤结构，提高土壤有机质含量，促进植物生长，提高抗病能力（陈品三等，1992a）。虽然增加水肥可以减少损失，但是在生产过程中增加了成本。王振跃等（2005）通过田间试验证实，播种前和播种时对土壤进行适当镇压，在一定程度上也可以减轻孢囊线虫的为害程度。

2. 抗性品种

培育和推广种植抗病或免疫品种是防治线虫为害最高效的途径，尤其是对寄主专化性的线虫，种植抗病品种防效较好。抗病品种会制约线虫的生殖或发育，减短一种作物连年种植的年限，充分发挥土地经济效益，减少化学防治带来的环境污染等问题，并且防治便利，成本较低，是控制线虫病害最理想的方式。

目前，科学家们已经在一些主要农作物寄主中发现了对烟草孢囊线虫（*G. tabacum*）、禾谷孢囊线虫、大豆孢囊线虫、甜菜孢囊线虫等孢囊线虫具有抗性的抗性品种，且研究者尝试将它们引入到商业化品种中。但在十字花科孢囊线虫（*H. crucifera*）、水稻孢囊线虫（*H. oryzae*）和拟水稻孢囊线虫（*H. oryzicola*）的寄主作物中，其寄主抗性很低或没有抗性。很多情况下，只有在野生种中发现抗性，但是将这些抗性移植到商业品种中又非常困难。研究证实，不合理地连续种植同一抗性品种，有可能增加病原线虫毒性群体的选择压力，限制该抗性品种的持久利用，或导致出现其他的线虫病害。

目前，国内旱稻孢囊线虫的高抗品种资源比较缺乏，同一抗性品种长时间在某地种植，可能引起侵染抗性品种的线虫小种出现。随着新的线虫小种数量的不断增长，抗性品种也会丧失抗性。目前旱稻孢囊线虫的抗性品种资源比较稀少。通过研究室内二龄幼虫接种法和田间自然病圃鉴定法对 48 个水稻品种进行旱稻孢囊线虫的抗性鉴定发现，参试的 48 个水稻品种中无免疫品种，盛泰优 9712、准两优 608、岳优 9264 等 9 个水稻品种对旱稻孢囊线虫具有抗性。

根据“基因对基因”学说，任何抗病基因都会出现克服其抗性的毒性小种。一旦产生新的毒性小种或小种种群发生变化，将会导致品种抗性丧失而使孢囊线虫病大发生，给生产带来灾难性后果。因此，为了避免增加同一抗病品种对某一病原线虫毒性群体的选择压力，造成抗病性丧失，抗病品种的选择利用应结合当地病原线虫致病型，且不应连续多年种植同一品种。

3. 生物防治

植物寄生线虫的生物防治是通过自然环境中的天敌抑制农业生态系统中线虫的种群数量，具有多种作用方式，比如寄生、产生毒素、竞争营养、诱导系统抗性和促生作用。植物寄生线虫的天敌微生物众多，包括寄生或捕食性的食线虫真菌，竞争或颉颃性的细菌和放线菌等。生防真菌如被毛孢（*Hirsutella rhossiliensis*）、厚垣孢普奇尼亚菌（*Pochionia chlamydosporium*）、淡紫拟青霉（*Paecilomyces lilacinus*）等都被广泛应用于植物寄生线虫的生物防治中。生防细菌荧光假单胞菌（*Pseudomonas fluorescen*）对植物寄生线虫具有很强的抑制作用，并且其产生的抗生素 2，4-二乙酰基间苯三酚具有诱导植物产生系统抗性的作用（Ramette *et al.*，2011）；链霉菌（*Streptomyces roseoverticillatus*）产生的热诚菌素对根结线虫的二龄线虫具有非常强烈的致死作用（Ruanpanun *et al.*，2011）。淡紫拟青霉（*P. lilacinus*）可以寄生在孢囊线虫的卵内，淡紫拟青霉的培养滤液中含有杀线虫物质（Cayrol *et al.*，1989）。

生防菌的选择依赖于植物线虫种类和被防治线虫的发育阶段。一些生防菌对特定线虫种类表现出高度的种内专化性，且只侵染特定发育阶段的线虫，而一些生防因子可以作用于多种线虫。此外，生防菌株的防治效果还取决于施用菌株的环境条件。

4. 诱导抗性

用各种诱导物，如毒性或无毒性病原物、天然或合成的化合物，能诱导植物对随后的病原侵染产生局部或系统的抗性，这就是诱导抗性（Walters *et al.*，2005）。植物中存在两种形式的诱导抗性：系统获得抗性（systemic acquired resistance，SAR）和诱导系统抗性（induced systemic resistance，ISR）。SAR 指的是一个特定的信号传导途径，其在植物抵御病原侵染中起着重要的作用。SAR 由水杨酸调控并与基因表达相关，如病程相关基因（pathogenesis-related，PR）。ISR指的是以植物根围促生细菌作为生防因子，诱导对各种病原的抗性但不引起明显的症状。ISR由茉莉酸和乙烯调控，但一般并不涉及SAR相关基因的表达。对线虫的诱导抗性，既可以通过使用根围细菌来产生ISR，也可以通过使用化合物来产生SAR。

根围细菌荧光假单孢杆菌菌株P29和P80及蜡状芽孢杆菌菌株B1能降低三叶草孢囊线虫在白三叶草上的繁殖，并增加畸形雌虫和卵量减少的雌虫的数量（Kempster *et al.*，2001）。荧光假单孢杆菌能使甜菜孢囊线虫对甜菜根的侵染量降低68%（Oostendoip *et al.*，1990）。用从根瘤菌菌株G12培养物中提取的LPS，对马铃薯的一半根系进行处理，可以显著降低马铃薯白线虫对另一半根系的侵染（Reitz *et al.*，2000）。用*P. fluorescens*菌株CHAO的发酵悬浮液的稀释液灌根处理番茄苗，能显著抑制爪哇根结线虫（*M. javanica*）的发育（Siddiqui *et al*，2003）。

国际上应用较为广泛的诱导化合物包括DL-3-氨基丁酸（BABA）、茉莉酸（JA）及茉莉酸甲酯（MeJA）、水杨酸（SA）及其衍生物如2，6-二氯异烟酸（INA）、水杨酸钠（NaSA）、苯并噻二唑（BTH或ASM）等。通过叶面喷施、灌根或种子处理，这些化合物能诱导植物对多种孢囊线虫产生抗性，如甜菜孢囊线虫、小麦孢囊线虫、三叶草孢囊线虫和马铃薯金线虫等。目前，国内利用化学诱导物对线虫产生诱导抗性的研究较少，主要集中在对根结线虫和松材线虫的诱导抗性研究方面，在旱稻孢囊线虫领域目前研究的很少。

5. 化学防治

植物线虫的化学防治主要依靠用于控制植物线虫的农药，即杀线虫剂。杀线虫剂在植物线虫防治方面起到了积极作用，但现有的杀线虫剂数量过少，可供选择的品种有限，杀线虫剂大多为非专用杀线虫剂，一些非常有效但对环境有害的杀线虫剂正逐步被淘汰或禁限。如对地球表面的臭氧层具有破坏作用的熏蒸型杀线虫剂——溴甲烷，以及非熏蒸型高毒杀线虫剂如涕灭威、克百威、灭线磷等。颜婷等（2016）研究发现，水稻常用杀虫剂中丙溴磷、毒死蜱、阿维菌素对旱稻孢囊线虫的孵化具有较高的抑制活性，同时也发现三唑磷和灭线磷在较低浓度范围内对孢囊线虫的孵化具有刺激作用。

近年来，出现了一些低毒新型杀线虫剂，如拜耳作物科学公司研发的新型吡啶乙基苯甲酰胺类杀线虫剂——氟吡菌酰胺（fluopyram），以及马克西姆化学工程有限公司的氟代烯烃类硫醚化合物——氟噻虫砜（fluensulfone）。这些杀线虫剂在防治植物线虫方面有着很好的发展前景。

杀线虫剂是控制孢囊线虫十分有效的方法，采用高效的化学药剂与恰当的施药技术，才能对线虫起到良好的防治效果。如应用氟吡菌酰胺在水稻分蘖期对稻田进行土壤处理，可有效控制旱稻孢囊线虫的发生和发展（待发表）。采用杀线虫剂防治旱稻孢囊线虫，要根据水稻及线虫病害发生情况，采用不同的药剂和施药方式，切忌长期使用一种药剂，避免线虫产生抗药性而降低防治效果。使用化学药剂时也需要重视人畜的安全，注意对生态环境的保护，严格遵守药剂的使用方法等，同时结合抗性品种、轮作等防治措施，可提高防治效果。

五、存在的问题及展望

1. 生物防治制剂防效低

在孢囊线虫治理中，由于孢囊线虫与自然天敌之间相互关系的复杂性，目前已测定的多种生防菌对孢囊线虫的防效有限，至今还未有商业化的生防产品。化学杀线虫剂对人类健康和环境存在巨大威胁，社会公众施加了巨大的压力要求降低化学杀虫剂的使用量，但是目前的生物防治制剂对植物线虫的防治效果较低并且很难单独发挥作用。在可持续管理体系中生防因子的成功应用有赖于和其他措施的综合使用。成功的生物防治在很大程度上依赖于对自然界靶标害虫和其生防因子之间种群动态、相互关系的了解。

生防菌施入植物根际周围后受土壤 pH、温度、湿度，农药以及其他土壤微生物等多种因素的影响，根际周围复杂的生态环境制约着生防菌株在土壤中的定殖能力和对植物寄生线虫的作用效果。土壤环境复杂，生防制剂易受土中生物、各种理化因子及外来生防因子的影响，因而防效不稳定。生防因子的实用性、适应性和稳定性还有待深入的研究。

目前，生物防治在生产上的应用有诸多局限性：①很多的实验室或者田间小区筛选出的具有较好防效的细菌和真菌在推广使用中防效不稳定；②生防微生物经过琼脂培养基的多代培养后会丧失防效；③线虫生防微生物大量生产工艺复杂，应用于实际生产受限制。因此，生物防治仍需开展更深入的科研工作。

2. 化学农药对人类与环境的毒性

化学防治是目前水稻病虫害防治的主要方法。化学农药包括杀线虫剂的长期使用不仅会带来农药残留、环境污染的问题，也可引起农田生态环境中的陆生生物、水生生物及土壤生物生物学、生态学行为的改变，从而影响整个农田生态系统。此外，农药施于环境后，在生物和非生物作用下还会生成多种转化产物，使得生物体可能暴露于农药及其转化产物的混合体系中，对环境及非靶标生物带来影响。

目前，可用于旱稻孢囊线虫化学防治的低毒高效的药剂品种还很少，现有的杀线虫剂大都是有机磷类和氨基甲酸酯类药剂，如涕灭威、克百威、灭线磷等。这些药剂大多属于高毒药剂，存在破坏土壤环境、改变土壤微生物群落、污染水源以及药剂残留引起人畜的中毒等副作用。利用传统方法拌毒土、撒施或土壤熏蒸可以有效防治孢囊线虫病，但对环境和土壤的影响大，为害严重。高效、低毒、安全的杀线虫剂仍然是今后杀线虫剂研发的方向。

3. 抗性品种资源缺乏

许多重要粮食作物包括水稻受到植物线虫的为害，减少作物损失的现行措施均具有一定的局限性。孢囊线虫寄主范围仅限一个或少数的植物科，可以通过常见寄主的植物类群中寻找抗性植株，作为抗性品种开发利用。抗性品种在防治植物线虫方面，具有对环境友好、持久、经济的优点。虽然目前高抗品种资源还很缺乏，但种植抗性品种依然是防治孢囊线虫最经济的措施之一。人们已经在一些主要农作物中发现了对马铃薯白线虫和马铃薯金线虫的抗性基因。目前还没有关于抗旱稻孢囊线虫水稻品种的报道。利用抗性品种是旱稻孢囊线虫综合治理不可缺少的环节。

4. 综合治理对策

单独采用某一项防治措施不足以获得满意防治效果的时候，应该考虑将生物防治方法和其他防治方法整合使用，如轮作、种植抗性品种或者颉颃植物等方法。这些方法可以降低土壤中线虫种群数量，或者有助于生防因子在土壤中的定殖。在杀线虫剂的使用上，为了有效地控制旱稻孢囊线虫，必须充分了解旱稻孢囊线虫的生活习性，通过合理安排施药时间、在土壤目标区域定向使用杀线虫剂，从而使其防治作用最大化。

（撰稿：丁中，叶姗姗）

参考文献

崔思佳，王水南，丁中，等. 2016. 旱稻孢囊线虫 ISSR 反应体系的建立与优化［J］. 湖南农业大学（自然科学版），42（3）：301-304.

陈琪. 2015. 不同水分管理模式对旱稻孢囊线虫发生的影响［C］//陈万权. 病虫害绿色防控与农产品质量安全. 北京：中国农业科学技术出版社.

陈品三，王明祖，彭德良. 1991. 我国小麦禾谷孢囊线虫（*Heterodera avenae* Wollenweber）的发现与鉴定初报［J］. 中国农业科学，24（5）：89-91.

丁中，Namphueng J，何化峰，等. 2012. 旱稻孢囊线虫生活史及侵染特性［J］. 中国水稻科学，26（6）：746-750.

董思言，高学杰. 2014. 长期气候变化——IPCC 第五次评估报告解读［J］. 气候变化研究进展，10（1）：56-59.

葛建军，曹爱新，刘先宝，等. 2005. 应用 TaqMan-MGB 探针进行松材线虫的实时荧光定量检测技术研究［J］. 植物病理学报，35（6）：52-58.

何洁，李鸿，顾建锋，等. 2015. 日本鸡爪槭中旱稻孢囊线虫形态和分子鉴定［J］. 植物检疫（2）：35-39.

贺沛成，洪宏，伍敏敏，等. 2012. 旱稻孢囊线虫（*Heterodera elachista* Ohshima）孵化特性研究［J］. 植物保护，38（1）：101-103.

刘何，辛燕. 2015. 植物 SSR 分子标记技术的应用［J］. 天津农林科技，5：34-37.

刘维志. 2000. 植物病原线虫学［M］. 北京：中国农业出版社.

许峻荣，吴小序，刘云，等. 2014. 基于松材线虫全基因组序列的 SSR 标记开发［J］. 南京林业大学学报（自然科学版），38（2）：36-42.

王水南，丁中，彭德良，等. 2014. 旱稻孢囊线虫的快速分子检测［J］. 湖南农业大学（自然科学版）（4）：178-181.

王振跃，李洪连，袁虹霞. 2005. 小麦孢囊线虫病的发生为害与防治对策［J］. 河南农业科学（12）：54-57.

颜婷，丁素娟，谭敏丰，等. 2016. 6 种杀虫剂对旱稻孢囊线虫孵化的影响［J］. 植物保护，42（4）：111-113.

卓侃，宋汉达，王宏洪，等. 2014. 旱稻孢囊线虫在广西的发生及其 rDNA-ITS 异质性分析［J］. 中国水稻科学，28（1）：78-84.

张彦，金芜军，李莹，等. 1998. 与大豆孢囊线虫病抗性相关的 RAPD 标记［J］. 高技术通讯，8（11）：45-48.

张绍升. 1999. 植物线虫病害诊断与治理［M］. 福州：福建科学技术出版社.

Abad P，Tares S，Brugier N，*et al*. 1991. Characterization of the relationships in the pine wood nematode species complex（PWNSC）（*Bursaphelenchus* spp.）using a heterologous unc-22 DNA probe from Caenorhabditis elegans［J］. Parasitology，102（2）：303-308.

Bridge J，Luc M，Plowright R A . 1990. Plant Parasitic Nematodes in Tropical and Subtropical Agriculture［M］. Wallingford：CAS International.

Bridge J，Plowright R A，Peng D. 2005. Nematode parasites of rice. In：Luc M，Sikora RA and Bridge J.（eds）Plant- parasitic Nematodes in Subtropical and Tropical Argriculture［M］. 2nd edn. Wallingford，UK：CAB International.

Cayrol J C, Djian C, Pijarowski L. 1989. Study of the nematocidal properties of the culture filtrate of the nematophagous fungus *Paecilomyces lilacinus*. Rev [J]. Nematolol, 12: 331-336.

Cook R, York P A. 1987. Variation in Triticales in reaction to cereal cyst nematode [J]. Annuals of Applied Biology 112, Tests of Agrochemicals and Cultivars, 8: 158-159.

Ding Z, Namphueng J, He X F, *et al.* 2012. First report of the cyst nematode (*Heterodera elachista*) on rice in Hunan Province, China [J]. Pant Dis, 96 (1): 151.

Duan Y X, Zheng Y N, Chen L J, *et al.* 2009. Effects of abiotic environmental factors on soybean cyst nematode [J]. Agricultural Sciences in China, 8 (3): 317-325.

Esbenshade P R, Triantaphyllou AC. 1987. Enzymatic relationships and evolution in the genus Meloidogyne (Nematoda: Tylenchida) [J]. Journal of Nematology, 19 (1): 8-18.

Evans K, Rowe J. 1998. The Cyst Nematodes [M]. Dordrecht, The Netherlands: Kluwer Academic Publishers.

Fioretti L, Porter A, Haydock P J, *et al* . 2002. Monoclonal antibodies reactive with secrted-excreted products from the amohids and the cuticle surface of *Globodera pallda* affect nematode movement and delay invasion of potato roots [J]. Int J Parasitol, 32: 1709-1718.

Francesca De Luca, Nicola Vovlas, Giuseppe Lucarelli, *et al.* 2013. *Heterodera elachista* the Japanese cyst nematode parasitizing corn in Northern Italy: integrative diagnosis and bionomics [J]. Eur J Plant Pathol, 136: 857-872.

Harmey J H, Harmey M A. 1993. Detection and identification of *Bursaphelenchus* species with DNA fingerprinting and polymerase chain reaction [J]. Journal of Nematology, 25 (3): 406-415.

Hashmi S, Krusberg L R. 1995. Factors influencing emergence of juveniles from cysts of *Heterodera zeae* [J]. Journal of Nematology, 27 (3): 362-369.

He Y, Li H M, Brown D J F, *et al.* 2003. Isolation and characterization of microsatellites for *Xiphinema* index using degenerate oligonucleotide primed PCR [J]. Nematology, 5 (1): 809-819.

Hunt O J, Griffin D, Murray J J, *et al.* 1971. The effects of root knot nematode on bacterial wilt in tobacoo [J]. Phytopathol, 61: 256-259.

Jones J T, Reavy B, Smant G, *et al.* 2004. Glutathione peroxidases of the potato cyst nematode *Globodera Rostochiensis* [J]. Gene, 324: 47-54.

Karssen G, van Hoenselaar T, Verkerk-Bakker B, *et al.* 1995. Species identification of cyst and root-knot nematodes from potato by electrophoresis of individual females [J]. Electrophoresis, 16: 105-109.

Kempster V N, Davies K A, Scott E S. 2001. Chemical and biological induction of resistance to the clover cyst nematode (*Heterodera trifolii*) in white clover (Trifolium repens) [J]. Nematology, 3 (1): 35-43.

Mallez S, Castagnone C, Espada M, *et al.* 2013 First insights into the genetic diversity of the pinewood nematode in its native area using new polymorphic microsatellite loci [J]. PLoS One, 8 (3): e59165.

Mehrdad M, Sergei A S, Maurice M. 2005. Quantitative detection of the potato cyst nematode, *Globodera pallida*, and the best cyst nematode, *Heterodera schachtii*, using Real-Time PCR with SYBR green I dye [J]. Molecular and Cellular Probes, 19: 81-86.

Mitchum M G, Hussey R S, Baum T J, *et al.* 2013. Nematode effector proteins: an emerging paradigm of parasitism [J]. New Phytologist, 199: 879-894.

Niblack T L. 2005. Soybean cyst nematode management reconsidered [J]. Plant Disease, 89 (10): 1020-1026.

Ohshima Y. 1974. *Heterodera elachista* n. sp., an upland rice cyst nematode from Japan [J]. J pn J Nematol, 4: 51-56.

Oostendorp M, Sikora R A. 1990. In-vitro interrelationships between rhizosphere bacteria and *Heterodera schachtii* [J]. Revue de Nematologie, 13 (3): 269-274.

Perry R N, Moens M. 2006. Plant nematology [M]. Wallingford: CABI. 92-127.

Ponell N. 1971. Interactions between nematodes and fungi in disease complexes [J]. Ann Rev Phytopathol, 9: 253-274.

Powers T O, Fleming C C. 1998. Biochemical and molecular characterisation. In: Perry R N and Wright D J. (eds) The physiology and Biochemistry of free-living and plant-parasitic Nematodes [M]. Wallingford: CABI.

Prior A, Jones J T, Blok V C, *et al.* 2001. A surface-associated retinol- and fatty acid-binding protein (Gp-FAR-1) from the potato cyst nematode *Globodera pallida*: lipid biding activities, structural analysis and expression pattern [J]. Biochem J, 356: 387-394.

Rahi G S, Rich J R, Hodge C. 1988. Effect of *Meloidogyne incognita* and *M. javanica* on leaf water potential and water use of tobacco [J]. J. Nematol, 20: 516-522.

Ramette A, Fischer-Le Saux M, Gruffaz C, *et al.* 2011. *Pseudomonas protegens* sp. nov., widespread plant-protecting bacteria producing the biocontrol compounds 2, 4-diacetylphloroglucinol and pyoluteorin [J]. Syst. Appl. Microbiol, 34: 180-188.

Reitz M, Rudolph K, Schroder I. *et al.* 2000. Lipopolysaccharides of *Rhizobium etli* strain G12 act in potato roots as an inducing agent of systemic resistance to infection by the cyst nematode *Globodera pallida* [J]. Applied and Environmental Microbiology, 66 (8): 3515-3518.

Ruanpanun P, Laatsch H, Tangchitsomkid N, *et al.* 2011. Nematicidal activity of fervenulin isolated from a nematicidal actinomycete, *Streptomyces* sp CMU-MH021, on *Meloidogyne incognita* [J]. World Journal of Microbiology and Biotechnology, 27 (6): 1373-1380.

Shaun D B, Mireille F, Vaughan W S, *et al.* 2008. Detectio and quandfication of root-knot nematode (*Meloidogyne javanica*), lesion nematode (*Pratylenchus zeae*) and dagger nematode (*Xiphinema elongatum*) parasites of sugarcane using real-time PCR [J]. Molecular and Cellular Probes, 22: 168-176.

Shimizu K. 1976. Influence of the upland rice cyst nematode, *Heterodera elachista*, on the yield of the upland-cultured paddy rice [J]. Japanese Journal of Nematology, 6: 1-6.

Siddiqui I A, Shaukat S S. 2003. Suppression of root - knot disease by Pseudomonas fluorescens CHA0 in tomato: importance of bacterial secondary metabolite, 2, 4-diacetylpholoroglucinol [J]. Soil Biology and Biochemistry, 35 (12): 1615-1623.

Song Q J, Choi I Y, Heo N K, *et al.* 1998. Genotype fingerprinting, differentiation and association between morphological traits and SSR loci of soybean landraces [J]. Plant Resources, 1: 81-91.

Subbotin S A, Rumpenhorst H J, Sturhan D. 1996. Morphological and electrophoretic studies on populations of *Heterodera avenae* complex from the former USSR [J]. Russian Journal of Nematology, 4: 29-38.

Szemes M, Bonants P, Weerdt M, *et al.* 2005. Diagnostic application of padlock probes-multiplex detection of plant pathogens using universal microarray [J]. Nucl Acid Res, 33 (8): 701-714.

Thiery M, Mugniery D. 2000. Microsatellite loci in the phytoparasitic nematode *Globodera* [J]. Genome, 43 (1): 160-165.

Tares S, Abad P, Bruguier N, *et al.* 1992. Identification and evidence for relationship among geographical isolates of *Bursaphelenchus* spp. (pine wood nematode) using homologous DNA [J]. Heredity, 68 (2): 157-164.

Tytgat T, Vercauteren I, Vanholme B, *et al.* 2005. An SXP/ RAL-2 protein produced by the subventral pharyngeal glands in the plant parasitic root-knot nematode *Meloidogyne incognita* [J]. Parasitol Res, 95: 50-54.

Walters D, Walsh D, Newton A, *et al*. 2005. Induced resistance for plant disease control: maximizing the efficacy of resistance elicitors [J]. Phytopathology. 95 (12): 1368-1373.

Zietkiewiez E, Rafalskia A, Labuda D. 1994. Genome fingerpriting by simple sequence repeat (SSR) anchored polymerase chain-reaction amplificantion [J]. Genomics, 20: 176-183.

第三章　水稻干尖线虫

一、发生分布与经济为害性

1. 发生特点

水稻干尖线虫（*Aphelenchoides besseyi*）在水中和土壤中不能长期生存（Cralley & French，1952；Yamada *et al.*，1953）。在意大利北部，干尖线虫可以在稻草中越冬，但再侵染能力丧失（Bergamo *et al.*，2000）。带病种子是水稻干尖线虫最主要的初侵染源，散落在田间或苗床的带虫稻壳也可作为侵染源，健康植株可被线虫通过灌溉水传播受到侵染（Uebayashi & Imamura，1972；Kobayashi & Sugiyama，1977）。水稻干尖线虫以成虫或四龄幼虫在米粒与颖壳间越冬。播种后，线虫开始复苏并离开谷粒进入土壤和水中，游离在水中或土壤中的线虫遇水稻幼芽便从芽鞘、叶鞘缝等部位钻入，以口针刺入生长点、腋芽及新生嫩叶尖端细胞吸食汁液，以此维持外寄生生活。随稻株生长，线虫逐渐沿着水膜向上部移动，分蘖期后，数量逐渐增加。孕穗期，线虫进入小穗，并通过自然的顶端开口进入小花，取食里面鲜嫩的组织并迅速繁殖，开花后期线虫繁殖下降，当谷粒水分慢慢损失时，线虫也随之缓慢脱水蜷曲并进入休眠状态，造成谷粒带虫（Huang & Huang，1972）。谷粒中线虫在干燥条件可存活 3 年（Sivakumar，1987），但随着谷粒储存时间的延长，线虫数量及侵染力逐渐降低（Cralley & French，1952）。

水稻干尖线虫在灌溉稻区比在陆稻生态区侵染和为害严重，在深水灌溉区和淹水情况下，干尖线虫侵染能力显著增强（Silveira *et al.*，1977）。

2. 分布范围

水稻干尖线虫首先于1915年在日本九州发现，现在亚洲、非洲、欧洲、大洋洲、南美洲和北美洲等68个国家和地区的水稻种植区域均有发生，但其在水稻上一般不超过北纬43°。水稻干尖线虫病害在我国大部分省份均有分布，是我国重要的对外检疫性病害（段玉玺，2011）。王燕平等（2017）报道我国各地水稻种子普遍带有干尖线虫，可能来自原种和育种材料。

3. 经济为害性

水稻干尖线虫病可以在旱稻、灌溉稻和深水稻上发生，不同水稻品种在产量损失上差异较大，早熟品种受害较轻，特特普等多数籼稻品种对干尖线虫表现耐病（Feng *et al.*，2014a）。EI-Shafeey等（2014）经过连续两年的田间研究发现，水稻品种Giza 171感染干尖线虫后，其产量损失平均达到47%，其他农艺性状，如株高、剑叶面积、千粒重、分蘖数和穗数都明显低于对照。Adnan Tülek等（2015）选取3个土耳其的栽培稻品种和2个国际水稻研究中心的抗性品种来鉴定水稻干尖线虫对水稻产量和产量性状的影响。调查发现，线虫侵染的地块产量显著低于对照田，脱粒种子产量降低了7.1%。汪智渊等（2016）发现，随着水稻干尖线虫病剑叶病级的增加，株高和千粒重都随之降低，造成10%~50%的产量损失。Feng等（2014a）连续两年人工接种水稻干尖线虫，发现株高、穗长、谷粒数等性状在所有27个接种干尖线虫的水稻品种中都显著低于未接种对照，其中有10个水稻品种的最终虫数超过经济损失阈值，而且没有一个免疫品种。朱镇等（2016）在水稻成熟期，对自然发病状态下的4个常规粳稻品种（品系）和粳稻恢复系R161进行调查并考种，发现常规稻和恢复系虽均能抽穗，但株高、结实率等性状均受到不同程度的影响。

二、生物学特性及发生规律

1. 生活史

水稻干尖线虫的生活史包括卵、幼虫和成虫 3 个时期。一龄幼虫在卵壳内发育，孵化的幼虫即为二龄幼虫，再经 3 次蜕皮后变为成虫。水稻干尖线虫属于两性生殖（Bisexual reproduction）（Huang & Huang，1972），但在一些群体中也存在孤雌生殖（Parthenogenesis）现象（Hsieh *et al.*，2012）。

在 26℃条件下，水稻干尖线虫在胡萝卜愈伤组织上培养的生活史约为 12.5 天，将成熟雌虫放在胡萝卜愈伤组织上培养，第 2.5 天即可见产卵，二龄幼虫出现在第 5 天，三龄和四龄幼虫出现在第 6 天，成虫出现在第 9 天，再次发现卵为第 15 天。把带虫谷粒保存于 26℃、4℃、-20℃和-80℃，随着储存时间的延长，储存温度越低，线虫存活率越低，-80℃干燥储存 6 个月后，干尖线虫存活率为零。

水稻干尖线虫的生长发育温度范围在 13～42℃。线虫在 13℃以上开始发育，最适合的温度为 26℃，42℃以上不再发育（Sudakova，1968）。相对湿度越高，线虫迁移率越高，来自不同地区的线虫种群之间繁殖适温和适温下的繁殖力均存在差异（裴艳艳等，2010）。

2. 为害症状

水稻干尖线虫的典型为害症状为“干尖”，即剑叶叶尖扭曲变细，变为灰白色。干尖部分和正常部分常存在褐色或黄白色过渡带（图 3-1）。大部分水稻品种在病株拔节后期或孕穗后出现“干尖”症状，而少数感病品种则在 4～5 片真叶就开始出现症状。但“干尖”并不是水稻干尖线虫为害的唯一症状，很多水稻品种不表现出干尖，而表现为穗小，结实数少，穗顶部缩小，并且外颖开裂，米粒外露，呈塔状，俗称“小穗头”（Feng *et al.*，2014a；朱镇等，2016）。王芳等（2017）利用叶鞘接种方法，发现 1～10 头干尖线虫即可引起感病品种出现干尖和小穗头症状，随着接种量的增加，发病率增高。

图 3-1　水稻干尖线虫侵染后叶尖症状

3. 寄主种类

除侵染水稻（*Oryza sativa* L.）外，水稻干尖线虫还侵染草莓（*Fragaria ananassa* Duch.），造成草莓叶片扭曲萎缩，植株矮小，此病害被称为草莓夏矮病。此外，该线虫还能寄生辣椒（*Capsicum annuum* L.）、菊花（*Dendranthema morifolium* Ramat.）、晚香玉（*Polianthes tuberosa* L.）、苎麻（*Boehmeria nivea* L.）、印度榕（*Ficus elastica* Roxb. ex Hornem）、鼠尾草（*Salvia japonica* Thunb.）、狗尾草（*Setaria viridis* Beauv）、野生稻（*Oryza longistaminata* L.）、洋葱（*Allium cepa* L.）、大蒜（*Allium sativum* L.）、甘薯（*Dioscorea esculenta* Burkill）、大豆（*Glycine max* L.）等植物。

4. 致病机制

干尖线虫的致病性主要是对植物的直接机械损伤和分泌物损伤。机械损伤主要是指干尖线虫通过口针的机械压力，并往寄主细胞分泌细胞壁水解酶等，对寄主细胞壁进行穿刺和降解（段玉玺，2011）。机械损伤是线虫对植物最直接的伤害，但通常对植物的为害都限于局部。

分泌物损伤表现为干尖线虫在取食过程中会通过食道腺向植物细胞分泌相应的效应蛋白，以此调节寄主细胞的生长发育并获取营养物质，是导致植物发病的最主要因素。Kikuchi 等（2014）研究了水稻干尖线虫的表达组，共鉴定了 375 种分泌蛋白，其中的纤维素酶属 GHF 45 类型，与松材线虫（*Bursaphelenchus xylophilus*）的纤维素酶相类似，很可能起源于真菌。与此类似，Wang 等（2014）通过对混合生长阶段的干尖线虫转录组测序，共鉴定了 13 个水稻干尖线虫潜在效应子，其中原位杂交发现 GHF45 类型纤维素酶存在于干尖线虫的食道腺中，再次证实该基因可能源自真菌基因的水平迁移。

5. 线虫发育与环境的关系

水稻干尖线虫幼虫和成虫在干燥条件下，以蜷聚一团的策略抵抗身体的严重脱水。Feng 等（2015）从水稻干尖线虫中克隆得到了一种钙网蛋白基因（*AbCRT*-1），原位杂交显示该基因表达位在线虫的食道腺和生殖细胞中，表明该基因可能参与线虫的寄生和繁殖，qPCR 结果显示，该基因在成熟雌虫中高量表达，而在雄虫、卵和幼虫中表达甚少。相对低的渗透压会诱导该基因的表达，而在干燥情况下，该基因表达却被显著抑制。研究还发现，如果降低 *AbCRT*-1 的表达，干尖线虫就失去了聚集的能力，由此看来，钙网蛋白对干尖线虫抵抗逆境、取食和繁殖都有一定的作用。冯辉等（2016）利用 cDNA 末端快速扩增技术分离获得了一个水稻干尖线虫 *Hsp*90 基因，命名为 *Ab*-*hsp*90，并发现其在水稻干尖线虫各个龄期均有表达，在卵和成虫期表达水平最高；干燥、低渗透压、短时间阿维菌素处理等逆境都可以诱导 *Ab*-*hsp*90 基因的表达上调。水稻干尖线虫接种抗性品种 72h 内，线虫体内 *Ab*-*hsp*90 一直高度表达，而接种感病品种后，线虫体内 *Ab*-*hsp*90 表达显著升高后又降低。此外，他们还发现用灰葡萄孢菌（*Botrytis cinerea*）培养和用胡萝卜块（*Daucus carota* L.）培养的线虫体内 *Ab*-*hsp*90 表达情况不同。这些结果说明 *Ab*-*hsp*90 可能参与水稻干尖线虫的抗逆适应、早期侵染及取食等过程。陈曦等（2016）为探究水稻干尖线虫海藻糖酶基因的功能，同样利用 RACE-PCR 技术获得了干尖线虫海藻糖酶基因全长，将其命名为 *Ab-tre-1*，并利用实时荧光定量 PCR 分析在线虫卵、不同龄期和若干逆境条件下该基因的表达情况。结果表明，*Ab-tre-1* 在干尖线虫卵中的表达量最高，二龄幼虫和成虫次之，三龄幼虫、四龄幼虫表达较低。此外，当水稻干尖线虫暴露于干燥活性氧、高温和药剂胁迫环境中，*Ab-tre-1* 表达水平均显著提高，表明该基因也可能与水稻干尖线虫的抗逆过程有关。胚胎发育晚期丰富蛋白基因 *Ab-lea* 在干尖线虫进入变渗隐生（Osmobiosis）前期及维持变渗隐生过程中表达量均上调。沉默此基因后，水稻干尖线虫存活率显著下降，表明该基因可能参与调控水稻干尖线虫变渗隐生（陈俏丽等，2017）。同样，线虫谷胱甘肽过氧化物酶基因 *Ab-GPX* 在干尖线虫缺氧胁迫及恢复供氧过程中表达量上调，*Ab-GPX* 沉默后，水稻干尖线虫在缺氧条件下存活率显著下降，表明该基因可能参与调控水稻干尖线虫的缺氧隐生状态（陈俏丽等，2017）。

三、检测技术

1. 形态学方法

将分离到的线虫热杀死后用 TAF 或 FP 4：1 固定液固定，制成临时玻片在光学显微镜下观察，记录其形态特征，采用 DeMan 公式测量线虫体长、最大体宽、口针长、口针基部球高、口针基部球宽、中食道球长、中食道球宽等相关数据，根据线虫的形态特征及测量数据，核对有关文献资料，确定其种类（黄金玲等，2014）。

水稻干尖线虫属于滑刃线虫属，根据中华人民共和国出入境检验检疫行业标准 SN/T 2505—2010《水稻干尖线虫检疫鉴定方法》，水稻干尖线虫的鉴别特征如下：

雌虫：虫体细长，热力杀死后稍直或弯曲；环纹纤细，不清晰，中部环纹约 0.9μm 宽；口针较细弱，长 10～13μm，基部略膨大；唇区圆，稍缢缩；侧区约体宽的四分之一，侧线 4 条；中食道球卵圆形，瓣门清晰；排泄孔常接近神经环的前缘；阴门横裂，阴门唇稍突起；受精囊长卵圆形，内常聚集有精子；卵巢前伸，相对较短，不延伸至食道腺处，卵母细胞 2~4 列；后阴子宫囊窄，内无精子，长为肛门处体宽的 2.5~3.5 倍，但短于肛阴距的三分之一。尾圆锥形，长为肛门处体宽的 3.5~5 倍，末端有一个尾尖突，上有 3~4 个小尖突。

雄虫：热杀死后虫体后部向腹面弯成近 180°；前体部特征与雌虫相似；尾圆锥形，末端有一尾尖突，上有 2~4 个小尖突。交合刺呈玫瑰刺状，喙部中等发达，但无顶部，背弓长 18~21μm。

2. 分子检测技术

水稻干尖线虫的形态学鉴定特征需要用高倍显微镜才可以观察到，并且卵和幼虫均不适合用于形态学方法鉴定。此外，水稻干尖线虫所隶属的滑刃属有 100 多个种，根据形态学特征鉴定大量相似的滑刃属线虫的种类非常困难，对鉴定者的要求非常高。因此，目前大部分研究都是将形态学检测方法和分子检测技术结合起来。

（1）PCR 快速检测法

根据水稻干尖线虫的 rDNA-ITS 序列，设计水稻干尖线虫的特异性引物，利用 PCR 技术对水稻干尖线虫进行分子鉴定。此方法用于检测大量培养的干尖线虫、单头活虫和 4%甲醛固定的干尖线虫，可以将干尖线虫不同种群同滑刃线虫属其他种线虫及其他近缘种线虫区分开（崔汝强等，2010），也可以用于直接检测被干尖线虫侵染的水稻组织中的线虫，例如种壳中的干尖线虫（Devran，2017）。

利用小核糖体 DNA 序列的差异性，Rybarczyk-Mydłowska 等（2012）利用 qPCR 能同时检测出滑刃线虫属的 4 个不同种，包括水稻干尖线虫；Buonicontro 等（2017）利用大核糖体 DNA 序列的差异，通过 qPCR 技术能够准确区分水稻干尖线虫和福建叶芽线虫（*Aphelenchoides fujianensis*）（Buonicontro *et al.*，2017）。

（2）环介导恒温扩增技术（LAMP）快速检测法

环介导恒温扩增技术（Loop-mediated isothermal amplication，LAMP）是 2000

年开发的一种新型循环恒温扩增技术。根据水稻干尖线虫的 18S 核糖体 RNA 基因设计该种线虫 LAMP 的特异引物，利用该引物在恒温条件下对供试 DNA 进行扩增。扩增产物可以通过琼脂糖凝胶电泳进行检测，检测结果出现 LAMP 特征性阶梯状条带，证明有水稻干尖线虫；也可以向 PCR 产物中加入适量荧光染料直接目测，如观察到绿色荧光，证明有水稻干尖线虫（白宗师等，2017）。

这种方法可以用于检测水稻干尖线虫不同发育时期的单条线虫或单个卵，其灵敏度可以达到 10^{-3} 条线虫 DNA，同时可以检测水稻干尖线虫和水稻叶片或多种其他线虫的混合样品。该技术具有特异性强、灵敏度高、扩增速度快、对实验设备要求低以及检测结果易于观察等特点（白宗师等，2017）。分子检测技术因其准确、快速、易于观察等特点，更适用于水稻干尖线虫的出入境检疫和调运检疫及田间病害的早期诊断和监测。

3. 抗性鉴定方法

抗性鉴定是抗病品种选育的重要工具，目前，国内外还没有统一的水稻干尖线虫抗性鉴定标准。

Popova 等（1994）将 1.5~2cm 长、直径 2mm 的塑料管贴在水稻苗第二片或第三片叶片上，向塑料管内加 2 滴线虫悬浮液，使每个植株接种线虫量为 500 头，接种 3 天后，将塑料管取下来。接种后 110~120 天内，调查干尖症状的发生情况，并从水稻植株上分离干尖线虫，检测线虫数量，计算病情指数，从而评估水稻对水稻干尖线虫的抗性。发病等级评定标准如下：

0——无干尖症状和干尖线虫

1——无干尖症状，干尖线虫 1~10 头/株

3——无干尖症状，干尖线虫数量>10 头/株

5——有干尖症状，并且线虫大量存在

每个品种的平均发病指数计算公式：

$$P = \sum (B \times n) / N$$

其中：$\sum (B \times n)$ 是植株数量（n）和相应的感染等级（B）的乘积之和，N 是被感染的植株总数。根据平均发病指数，可以将所有检测的品种分为 5 个不同

的类别：

0——免疫（I-immunity）

0.1～1.0——高抗（HR-highly resistant）

1.1～3.0——中抗（MR-moderately resistant）

3.1～4.0——中感（MS-moderately susceptible）

4.1～5.0——高感（HS-highly susceptible）

Feng 等（2014a）在苗高 30cm 时，在每株苗叶鞘和主茎之间注射接种 200 头线虫，对整个生育期进行症状调查，成熟期进行考种，测量茎长、穗长、每穗粒数和百粒重，检测百粒带虫量作为 Pf。Feng 等对 Popova 的发病等级评定标准进行了如下改良：

0——无干尖，无小穗头，Pf=0

1——无干尖，无小穗头，Pf=1～50 头/百粒

3——存在干尖或小穗头，Pf>50 头/百粒

5——存在干尖和小穗头，Pf>50 头/百粒

其中 Pf 指收种后检测的百粒带虫量。平均感染指数计算公式以及抗感分类依据和 Popova 等（1994）相同。

四、综合治理技术

1. 农业防治

水稻干尖线虫是典型的种传病害，防治的首要方法应严格实行种子检疫和使用无病种子，在无病区选留无病种子是最简单和有效的防治措施。病区应建立无病自留田，繁殖无病良种，减少病害传播。同时对种子进行温汤浸种处理，在 56℃温水中浸种 10～15min，取出后立即冷却，催芽播种。温汤浸泡后的种子也可以经过干燥后再长期贮藏，对发芽率无影响（段玉玺等，2011）。

田间的干尖线虫能在水中游动，但其活动范围不大。但若线虫从种子颖壳中复苏游出时，正值田水灌溉，流水可帮助其扩大游动范围，致使发病率上升，所

以要防止田间大水漫灌、串灌，减少线虫随水流传播。秧田期可降低播种密度，以便通风透光，降低叶面湿度，减少线虫食物来源和移动介质。科学施肥，确保水稻中后期生长健壮，可有效降低线虫为害程度。及时清除病株，病区稻壳不做育秧田隔离层和育苗床面覆盖物以及其他填充物，育苗田应远离脱谷场（王玲等，2008）。

2. 抗性品种

避免使用感病品种，采用抗病或耐病品种，目前还未发现对干尖线虫完全免疫的水稻品种。早熟品种受害较轻，特特普等多数籼稻品种对干尖线虫表现耐病（Feng *et al.*，2014a）。相关单位应对育种亲本和现有水稻品种的抗病性进行鉴定，筛选出在生产上可以应用的优良抗病或耐病品种，并为育种单位提供抗病种源。

3. 生物防治

近年来关于干尖线虫的生物防治研究较少。从大豆根际土壤中分离的菌株发酵液在离体情况下对水稻干尖线虫的毒力作用比较高，能达到96%的杀灭效果（段旭光等，2008）。生防细菌 Snb331 的发酵液对水稻干尖线虫的抑制效果达到 87.24%（王胜君等，2008）。此外，从人参土壤中分离得到的生防真菌哈茨木霉（*Trichoderma harzianum*）发酵液对离体的干尖线虫也有较高的毒性（段玉玺等，2008）。但是由于水稻干尖线虫存在于水稻颖壳内，使得生防真菌在田间实际应用受到限制。因此，应加强生防真菌杀灭干尖线虫致病机理的研究，开发新型杀线虫药剂，才能有效地控制水稻干尖线虫的为害。

4. 诱导抗性

相对于拟禾本科根结线虫（*Meloidogyne graminicola*），目前对水稻干尖线虫的诱导抗性研究比较滞后，至今尚未发现对干尖线虫诱导抗性的研究报道。

5. 化学防治

防治水稻干尖线虫通常采用药剂浸种，可用16%恶线清（咪鲜胺·杀螟丹）

可湿性粉剂 15g，加水 6kg 配成 400 倍液，浸种 8~10kg，浸泡 48h；或用 40%杀线酯（乙酸乙酯）乳油 500 倍液，浸种 50kg 种子，浸泡 24h；或用 50%的巴丹可湿性粉剂配成3 000倍液，浸种 48h；也可用阿维菌素乳油20 000倍液、10%噻唑膦乳油 100mg/L 以及 98%杀螟丹可溶性粉剂 196mg/L 浸种 48h（姚克兵等，2016）。除此之外，可用于浸种的药剂还有甲基异柳磷、10% 浸种灵、10% 二硫氰基甲烷乳油。浸种结束后，用清水充分冲洗种子去除药剂残留。

五、存在的问题及展望

大部分线虫寄生植物地下部分，仅水稻干尖线虫等少数迁移取食线虫通过进化获得了在植物地上部分寄生的能力（Bert *et al.*，2011）。目前，国内外关于在植物地上部分取食的线虫的研究较少，仅有一项关于寄主植物与茎线虫（*Ditylenchus angustus*）相互作用的研究（Khanam *et al.*，2016），Feng 等（2014b）通过研究干尖线虫在培养基中的迁移发现，水稻干尖线虫对生长素具有趋向性，因而推测其在水稻植株内的迁移可能受到生长素的影响，由此说明植物激素在水稻和干尖线虫互作中可能起到重要作用，此外，虽已有 2 篇报道水稻干尖线虫转录组的文章，但后续研究甚少，至今未找到有效的水稻干尖线虫效应子。因此，加强干尖线虫与水稻互作关系的研究，将为明确干尖线虫的致病机理奠定基础，为寻找防治水稻干尖线虫新颖的、对环境友好的防治策略提供理论依据。

水稻干尖线虫病害防治仍然主要依赖化学农药，对于其他防治技术的应用研究甚少。至今未有关于水稻干尖线虫诱导抗性的报道，而已发现很多诱导化合物对拟禾本科根结线虫防治作用显著，加强筛选对干尖线虫有诱导作用的化合物，寻找化学农药替代品势在必行。研究已经发现少许生防菌对干尖线虫有杀灭作用，但是由于水稻干尖线虫存在于水稻颖壳内，使得生防菌在实际应用中受到限制。由此，需要加强生防菌作用机制、活性物质和稳定性的研究，将为生防菌的广泛应用及研发新型安全的水稻干尖线虫杀线剂提供理论依据。目前还未发现对干尖线虫完全免疫的水稻品种，品种间抗性差异显著。通过广泛收集不同水稻品种资源，并对干尖线虫的抗病性进行鉴定，为育种家提供抗源，将有助于干尖线虫抗性品种的选育（王玲等，2008）。

（撰稿：姬红丽，谢家廉，杨芳）

参考文献

白宗师，秦萌，赵立荣，等.2017. 水稻干尖线虫的环介导恒温扩增技术（LAMP）快速检测方法［J］. 中国水稻科学，31（4）：432-440.

陈俏丽，王峰，李丹蕾，等.2017. 水稻干尖线虫 *Ab-lea* 基因在高渗透压下的表达［J］. 中国水稻科学，31（6）：652-657.

陈俏丽，王峰，李丹蕾，等.2017. 水稻干尖线虫谷胱甘肽过氧化物酶基因抗缺氧表达［J］. 福建农林大学学报：自然科学版，46（5）：481-487.

陈曦，冯辉，束兆林，等.2016. 水稻干尖线虫海藻糖酶 *Ab-tre*-1 基因克隆与逆境条件下的表达分析［J］. 核农学报（12）：2304-2309.

崔汝强，葛建军，胡学难，等.2010. 水稻干尖线虫快速分子检测技术研究［J］. 植物检疫，24（1）：10-12.

段旭光，段玉玺，陈立杰，等.2008. 3 株真菌发酵液对不同线虫的毒力差异［J］. 江苏农业科学（3）：96-98.

段玉玺.2011. 植物线虫学［M］. 北京：科学出版社.

段玉玺，靳莹莹，王胜君，等.2008. 生防菌株 Snef85 的鉴定及其发酵液对不同种类线虫的毒力［J］. 植物保护学报，35（2）：132-136.

冯辉，陈曦，束兆林，等.2016. 水稻干尖线虫 *Hsp*90 基因克隆及在不同逆境，侵染早期和取食过程的表达差异［J］. 农业生物技术学报（11）：1741-1753.

黄金玲，陆秀红，万宇力，等.2014. 广西水稻线虫的分离鉴定［J］. 南方农业学报，45（2）：218-221.

裴艳艳，程曦，徐春玲，等.2012. 中国水稻干尖线虫部分群体对水稻的致病力测定［J］. 中国水稻科学，26（2）：218-226.

汪智渊，陆菲，杨红福，等 . 2016. 水稻干尖线虫对水稻剑叶的为害及对生长和产量的影响 [J]. 天津农业科学，22（6）：101-102.

王芳，张丽华，王彰明 . 2017. 叶鞘接种法在水稻干尖线虫致病力测定中的应用 [J]. 中国植保导刊，37（10）：54-56.

王玲，黄世文，禹盛苗，等 . 2008. 水稻干尖线虫病在籼粳杂交晚稻上的为害及防治 [J]. 中国稻米，5：65-66.

王胜君，段玉玺，靳莹莹，等 . 2008. 水稻干尖线虫（*Aphelenchoides besseyi*）人工培养研究 [J]. 植物保护，34（3）：46-48.

Bergamo P, Cotroneo A, Garofalo M, *et al.* 2000. *Aphelenchoides besseyi* in rice seeds in Italy: observations on its spread and possibility of control by phytosanitary measurs [J]. Giornate Fitopatologiche: 563-568.

Bert W, Karssen G, Helder J. 2011. Phylogeny and evolution of nematodes. Genomics and molecular genetics of plant-nematode interactions [M]: New York: Springer press.

Buonicontro D S, Roberts D M, Oliveira C M G, *et al.* 2017. A rapid diagnostic for detection of *Aphelenchoides besseyi* and *A. fujianensis* based on real-time PCR [J]. Plant Disease: in press.

Cralley E, French R. 1952. Studies on the control of white tip of rice [J]. Phytopathology: 42.

Da Silveira S, Curi S, Fernandes C D O, *et al.* 1977. Occurrence of the *Aphelenchoides besseyi* Christie Nematode, 1942, in rice seeds producing areas in the State of Sao Paulo [*Oryza sativa*; Brazil]]. [Portuguese]. Biologico.

Devran Z, Tülek A, Mıstanoğlu İ, *et al.* 2017. A rapid molecular detection method for *Aphelenchoides besseyi* from rice tissues [J]. Australasian Plant Pathology, 46 (1): 43-48.

El-Shafeey E I, EL-Shafey R A S, Abdel-Hadi M A, *et al.* 2014. Quantitative and qualitative losses in yield of some rice cultivars due to white tip nematode

(*Aphelenchoides besseyi*) infection under Egyptian field conditions [J]. Jordan Journal of Agricultural Sciences, 10 (3): 410–425.

Feng H, Wei L, Chen H, *et al.* 2015. Calreticulin is required for responding to stress, foraging, and fertility in the white–tip nematode, *Aphelenchoides besseyi* [J]. Experimental parasitology, 155: 58–67.

Feng H, Wei LH, LIN MS, *et al.* 2014a. Assessment of rice cultivars in China for field resistance to *Aphelenchoides besseyi* [J]. Journal of Integrative Agriculture, 13 (10): 2221–2228.

Feng H, Shao Y, Wei LH, *et al.* 2014b. The white-tip nematode, *Aphelenchoides besseyi*, exhibits an auxin–orientated behaviour affecting its migration and propagation [J]. Nematology, 16 (7): 837–845.

Hsieh S H, Lin C J, Chen P. 2012. Sexual compatibility among different host–originated isolates of *Aphelenchoides besseyi* and the inheritance of the parasitism [J]. PloS one, 7 (7): e40886.

Huang C, Huang S. 1972. Bionomics of white – tip nematode, *Aphelenchoides besseyi* in rice florets and developing grains [J]. Botanical Bulletin of Academia Sinica, 13: 1–10.

Khanam S, Akanda A M, Ali M A, *et al.* 2016. Identification of Bangladeshi rice varieties resistant to ufra disease caused by the nematode *Ditylenchus angustus* [J]. Crop Protection, 79: 162–169.

Kikuchi T, Cock P J, Helder J, *et al.* 2014. Characterisation of the transcriptome of *Aphelenchoides besseyi* and identification of a GHF 45 cellulase [J]. Nematology, 16 (1): 99–107.

Kobayashi Y, Sugiyama T. 1977. Dissemination and reproduction of white tip nematode, *Aphelenchoides besseyi*, in mechanical transplanting rice culture [J]. Japanese Journal of Nematology, 7: 74–77.

Popova M B, Subbotin A. 1994. An assessment of resistance in cultivars of *Oryza sativa* L. to *Aphelenchoides besseyi* Christie, 1942 [J]. Russian Journal of Nematology, 2 (1): 41-44.

Rybarczyk-Mydłowska K, Mooyman P, van Megen H, *et al.* 2012. Small subunit ribosomal DNA-based phylogenetic analysis of foliar nematodes (*Aphelenchoides* spp.) and their quantitative detection in complex DNA backgrounds [J]. Phytopathology, 102 (12): 1153-1160.

Sivakumar C. 1987. The rice white tip nematode in Kanyakumari district Tamil Nadu, India [J]. Indian Journal of Nematology, 32: 309-317.

Sudakova M I. 1968. Effect of temperature on the life cycle of *Aphelenchoides besseyi* [J]. *Parazitologiya*, 2: 71-74.

Tülek A, İkerKepenekci, Çiftcigil T H, *et al.* 2015. Reaction of some rice cultivars to the white tip nematode, Aphelenchoides besseyi, under field conditions in the Thrace region of Turkey [J]. Turkish Journal of Agriculture & Forestry, 39 (6): 958-966.

Uebayashi Y, Imamura S. 1972. One instance of dispersal of the white tip nematode, *Aphelenchoides besseyi* Christie, in a rice paddy [J]. Japanese Journal of Nematology, 1: 22-24.

Wang F, Li D, Wang Z, *et al.* 2014. Transcriptomic analysis of the rice white tip nematode, *Aphelenchoides besseyi* (Nematoda: Aphelenchoididae) [J]. PloS One, 9 (3): e91591.

Yamada W, Shiomi T, Yamamoto H. 1953. Studies on the white tip disease of rice plants [J]. Studies on the white tip disease of rice plants (48): 27-36.

第四章　水稻茎线虫

水稻茎线虫病又名稻窄茎线虫病、稻褐斑线虫病（洪剑鸣和董贤明，2006），该病于 1913 年在孟加拉国首先被发现（Butler，1913），并将其病株上的茎线虫命名为 *Tylenchus angustus*，1936 年更名为 *Ditylenchus angustus*（Bultler）Filipjev 并沿用至今。据报道，水稻茎线虫病在印度、孟加拉国、缅甸、巴基斯坦、泰国、越南、菲律宾、马来西亚等亚洲国家均有发生。我国早在 1986 年就将水稻茎线虫列为禁止入境的危险性有害生物，并对来自水稻茎线虫病疫区的水稻及其附属产品、寄主植物及其产品等采取了严格的检疫措施，严防水稻茎线虫的传入（黄可辉和郭琼霞，2003；李芳荣等，2015）。

水稻茎线虫病是水稻重要病害，该病具有发病快、防治难且病原线虫在水稻植株、种子中存活时间长等特点。病原线虫一旦侵入水稻，会造成水稻减产甚至绝收。大湄公河区域是亚洲主要的水稻种植区和出口区，而该病在泰国、缅甸、越南均有报道，这些国家又与中国云南省比邻。“一带一路”国家倡议的实施和国际贸易的日趋频繁，增加了水稻茎线虫病的传入风险。为保障我国粮食安全，在加强进口种质材料及其附属物严格检疫的同时，需进一步开展风险评估分析，并通过国际合作，监测水稻茎线虫病在周边国家的发生，以防传入我国（王峰等，2007；刘树芳等，2016）。

一、发生分布与经济为害性

1. 发生特点

水稻茎线虫在适宜的温、湿度条件下，通过在植物体内的取食和迁移，不仅造成水稻叶片褪绿、畸形，不能正常抽穗（Rahman & Evans，1987），而且降低了水稻的抵抗能力，易引起其他病害的发生，增加感染的风险。Ali 等（1997a）研究表明，由于水稻茎线虫的侵染，水稻体内氮含量明显增加，加重了如稻瘟病（*Magnaporthe oryzae* Hebert）、叶鞘腐败病［*Sarocladium oryzae*（Sawada）］和细菌性条斑病（*Xanthomonas oryzae* pv. *oryzicola*）等病害的发生。

在水稻生产季节特别是高温、高湿条件有利于病害发生，当温度为 27~30℃、空气相对湿度在 75%以上发病较严重（Cuc&Kinh，1981；Rahman&Evans，1987；Bridge *et al.*，2005；Bridge&Starr，2007）。

2. 分布范围

水稻茎线虫主要分布在亚洲和非洲的生长水稻的地区，包括孟加拉国、印度（阿萨姆邦、克塔克、戈拉布德、焦尔合德）、印度尼西亚、埃及、苏丹、南非、古巴、马达加斯加、马来西亚、菲律宾、缅甸、以色列、阿联酋、巴基斯坦、阿拉伯联合酋长国、乌兹别克斯坦、泰国南部以及越南的湄公河流域三角区，分布较广，我国目前未见分布报道（黄可辉和郭琼霞，2003；CABI/EPPO，2015；Kyndt，2014）。

3. 经济为害性

主要为害深水稻和旱稻，水稻茎线虫主要是深水稻和非灌溉水稻的重要病原，但在浅水稻中也发现有此线虫为害的报道。通常直播稻田发生重，移栽秧苗的稻田发病轻。水稻茎线虫由于其独特的环境条件而被限制为害。它常常局限于水稻生长地区，而且不一定每年都在同一地区发生，但当它发生时，它是影响水稻产量所有病害中最具破坏性的一种（Cox 和 Rahman，1980）。据报道，全世界水稻茎线虫为害水稻面积为 667 万 hm^2，平均产量损失 30%，部分地区更严重，如印度尼西亚水稻受害减收 50%，泰国水稻少收 20%~90%，还有少数地区水稻受害后绝收。Cuc 和 Kinh（1981，1982）报道了越南湄公河三角区发生的水稻茎线虫病，水稻减产达 50%以上，1974 年一个省的数百公顷的深水水稻完全绝收。Cox 和 Rahman（1979，1980）报道，泰国南部水稻茎线虫病的发生造成水稻减产 20%~90%；2014 年，缅甸伊洛瓦底省因水稻茎线虫病暴发，水稻产量较正常年份减产 70% 左右（IAPPS，2014）。Latif 等（2013a）开展了水稻茎线虫或水稻干尖线虫（*Aphelenchoides besseyi*）单一接种和混合接种时对粮食产量影响的研究，试验表明，仅接种水稻茎线虫时，粮食产量损失达 62%，比仅接种水稻干尖线虫和不同比例混合接种的产量损失高。由于水稻茎线虫病为害的严重性，中国、老挝和日本等国家均将其列为检疫对象（黄可辉和郭琼霞，2003；李芳荣等，2015；李喜阳，1998）。

二、分类地位和形态特征

1. 分类地位

水稻茎线虫属垫刃目 Tylenchuida，垫刃亚目 Tylenchoidea，粒线虫科 Anguinidae，茎线虫属 *Ditylenchus*（Filipjev，1936）。

2. 形态测量值（表 4–1）

表 4–1　水稻茎线虫形态测量值比较

形态测量值	Butler（1913）	Goodey（1932）	Seshadri 和 Dasgupta（1975）	Mian 和 Latif（1994）	Das 和 Bajaj（2008）
L（mm）	雌虫：0.7~1.1 雄虫：0.6~1.1	雌虫：0.7~1.23 雄虫：0.6~1.1	雌虫：0.8~1.2 雄虫：0.7~1.2	雌虫：1.0~1.2 雄虫：0.9~1.1	雌虫：0.99~1.25 雄虫：0.99~1.05
a	雌虫：47~58 雄虫：36~47	雌虫：36~58 雄虫：36~47	雌虫：50~62 雄虫：40~55	雌虫：50~60 雄虫：55~60	雌虫：56.3~63.7 雄虫：42.5~57.9
b	雌虫：7 雄虫：7	雌虫：7~8 雄虫：6~7	雌虫：6~9 雄虫：6~8	雌虫：7~8 雄虫：6.5~7	雌虫：5.42~7.2 雄虫：6.0~7.0
c	雌虫：15~23 雄虫：18~23	雌虫：17~20 雄虫：18~23	雌虫：18~24 雄虫：19~26	雌虫：20~24 雄虫：18~20	雌虫：19.7~21.7 雄虫：10.4~22.5
c′			雌虫：5.2~5.4	雌虫：4.0~4.6 雄虫：4~4.5	雌虫：3.8~4.2 雄虫：3.7~5.1
V（%）	雌虫：70~80	雌虫：80	雌虫：78~80	雌虫：72~80	雌虫：79.4~81.7

（续表）

形态测量值	Butler（1913）	Goodey（1932）	Seshadri 和 Dasgupta（1975）	Mian 和 Latif（1994）	Das 和 Bajaj（2008）
口针（μm）	雌虫：9~10 雄虫：9~10	雌虫：10 雄虫：10	雌虫：10~11 雄虫：10	雌虫：10~11 雄虫：10~11	雌虫：10~12 雄虫：9~11
b1				雌虫：16.6~20 雄虫：15~18	
G1（%）				雌虫：13~15 雄虫：22~25	
H（μm）				雌虫：12.5~25 雄虫：10~12	
M（%）				雌虫：22.5~25 雄虫：22.5~25	
O（%）				雌虫：100~113 雄虫：100~112	
S				雌虫：1.2~1.3 雄虫：1.2~1.3	
T（%）			雄虫：60~73	雄虫：55~60	
V'（%）				雌虫：84~89	
MB（%）				雌虫：39~40 雄虫：38~40	雌虫：32.6~35.8 雄虫：31.9~35
卵（μm）	80~88 × 16~20	80~84 × 16~20		78~87 × 16~20	
spicule		20	16~21	14~17.5	16~18
引带（μm）		8	6~9	4~6	6
尾长（μm）				雌虫：45~50 雄虫：40~50	
DGO（μm）				雌虫：10~11 雄虫：10~11	
食道腺（μm）				雌虫：140~145 雄虫：135~142	
排泄孔到前部的长度（μm）			雌虫：90~110	雌虫：90~113 雄虫：89~111	雌虫：105~125 雄虫：93~109

3. 形态描述（图 4-1）

雌虫：虫体细长，近直线型或略向腹部呈弧形弯曲，角质层有细微环纹。体中部环纹约 1μm 宽。唇区无环纹，缢缩不明显。头区骨架稍硬化，六角放射形。正面观唇区分 6 部分，大小近相等。侧区为体宽的 1/4 或略少，有 4 条侧线，几乎延伸到尾尖。颈乳突在排泄孔的后方，紧接排泄孔。侧尾腺口位于尾中部的后面，孔状。口针发育较好，口针锥体约占口针全长的 45%；基部球小但明显。食道前体部圆筒状，长为体宽的 3~3.6 倍，在与中食道球连接时变窄，中食道球卵形，在中食道球中心前部有明显的瓣门。食道狭部窄，圆筒状。是食道前体部长度的 1.5~1.9 倍；后食道腺体常呈梭形，长 27~34μm，主要在腹面稍覆盖肠，有 3 个明显的腺核，无贲门。神经环明显，在中食道球后面 21~35μm 处。排泄孔位于从头部开始向后 90~110μm 处，略在后食道球开始处的前部。半月体在排泄孔前 3~6μm 处。阴门有横的狭长裂口，阴道管略斜，体宽一半以上。受精囊长形，充满大的圆形精子。前卵巢向前伸展。卵母细胞单行排列，极少有双行。后阴子宫囊内无精子，退化，长度是阴门径的 2~2.5 倍，延伸至大约是阴门至肛门距离的 1/2~2/3。尾部锥形，长度是肛门处虫体直径的 5.2~5.4 倍，末端渐尖，类似尖突。

雄虫：虫体近直或略向腹部弯曲，形态上类似雌虫。具有交合伞，开始于交合刺的近末端腹面，延伸几乎达尾尖。交合刺向腹部弯曲，简单。引带短、简单。

幼虫：在总的形态方面与成虫相似。食道按比例长于成虫的食道（刘维志，2004）。

三、生物学特性及发生规律

水稻茎线虫是一种外寄生线虫，但生殖只能在稻株内进行，主要寄生在花梗的基部、茎秆末节以上以及颖片之内，这些地方大多有包括卵到成虫各个阶段的大量线虫（戚龙君等，2002）。水中的线虫在 1h 内侵入水稻，但入侵随着植株年

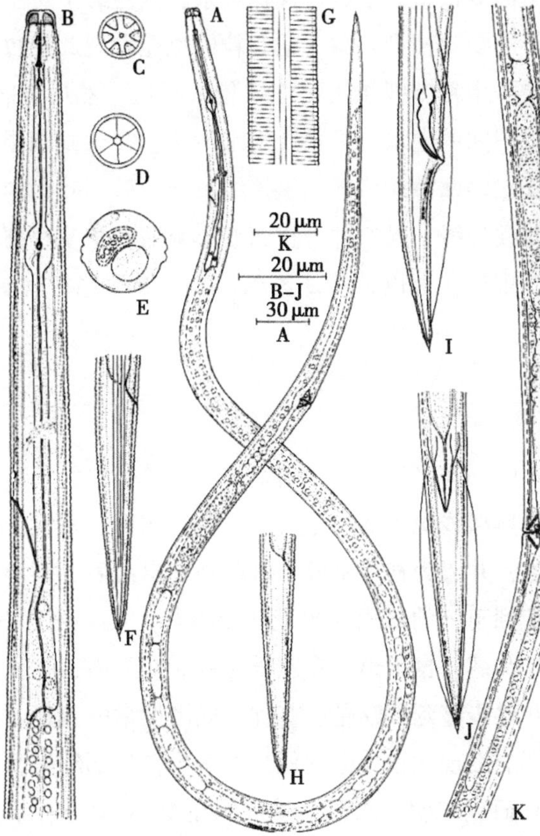

图 4-1　水稻茎线虫（*Ditylenchus angustus*）形态特征

A. 雌虫；B. 雌虫食道区；C. 头顶面观；D. 雌虫体横断面；E. 唇基部横断面；F. 雌虫尾部；G. 侧区和侧线；H. 雌虫尾端；I-J. 雄虫尾部；K. 雌虫生殖腺

龄而变化，老年植株不容易被侵入（Rahman & Evans，1987）。在潮湿的条件下，水稻茎线虫从土壤中沿着水稻幼苗迁移，并侵入水稻的生长点，在水稻秧苗插栽后的几天，生长点的顶芽上就能发现此线虫。并能随植株的生长点不断转移，取食新形成叶鞘内组织细胞。在水稻开花抽穗期间，在植株的叶鞘、茎和顶节、花梗、散穗花序种子的周围幼嫩的茎部分发现此线虫存在。

收获水稻后病田内的根茎、根蘖、病株残余，其他野生寄主及被污染的土壤均可传病，成为次年的初次侵染来源，稻谷粒内也能发现此线虫，也是该虫承受各种传播的主要途径。水稻茎线虫可由土壤侵入稻苗，然后随病苗移栽到大田，在田间此病原可通过田间的灌水，排水及雨水传播。在气候潮湿时，病株茎叶上的此线虫可通过相互接触摩擦而传播。由该线虫侵染后，叶鞘内散穗花序封闭或花序扭曲、变形、花梗失绿，导致种子扭曲变形皱缩不孕或小穗空谷；严重的可表现为生长停滞，严重矮化，以及叶片萎蔫，甚至导致绝产（黄可辉和郭琼霞，2003）。

1. 生活史

水稻茎线虫一生中同样经过卵、一龄幼虫、二龄幼虫、三龄幼虫和四龄幼虫及成虫几个阶段，是典型线虫生活史型。线虫在病稻草、稻茬、种子及混在种子里的病残碎片中越冬，并成为初侵染源。水稻播种出苗后，潮湿条件下，水稻的茎叶表面有水时，带到田里的病原线虫就从土壤往上爬，入侵茎秆的有关部位，为害生长点附近的叶和穗。据报道，在水稻移栽后几天内，生长点的顶芽上就发现了该病原线虫，并逐步蔓延到叶鞘、茎种子周围幼嫩的茎里，产生各种病害症状。虽然稻株各部都能发现线虫，但它们只外寄生在各部幼嫩组织内寄生。

Ali 等（1997b）研究表明，水稻茎线虫能在 1~30℃下存活，发育最适宜温度为 25℃。雌虫成熟后，当温度达到 10.6℃即可产卵；随着温度升高，孵化时间缩短，在 20℃、25℃、30℃下分别需 4 天、3 天、2 天即可孵化；温度高于 35℃时，雌虫不产卵且卵也不能孵化。在相对湿度 75%、温度为 30℃条件下水稻茎线虫 10~20 天可完成一个世代（Kyndt，2014）。在东南亚和南亚，由于地理位置邻近赤道和印度洋，受海洋季风的影响常年高温高湿，为水稻茎线虫的侵染提供了有利的自然条件（Plowright & Gill，1994）。在植物收获后，寄生于水稻残株、土壤、寄主植物和种子里越冬（Cox & Rahman，1979；Kinh，1981；Cuc，1982；Ibrahim & Perry，1993；Prasad & Varaprasad，2002）。当温度和湿度适宜时，水稻茎线虫再次侵染水稻植株或寄主。

水稻茎线虫的发生繁殖与气候、环境条件密切相关，水稻茎线虫在生长发育过程中，特别是温度和土壤的湿度条件直接影响水稻茎线虫的发生繁殖，气温在16℃时，水稻茎线虫就开始活动并侵染寄主。水稻茎线虫最合适侵染生长、繁殖、为害的温度为20~30℃。在孟加拉国，水稻茎线虫的繁殖主要发生于5月、6月和11月，一年至少发生3代。在雨季，此线虫严重侵染水稻，由于线虫迁移和繁殖受抑制或减少，在干旱、低温季节生长的水稻较少感染此病（Butler，1913；Hashioka，1963；Vuong & Rabarijoela，1968；Vuong，1969）。

该病原可从秧苗移植传到大田，再通过田间排水、灌水及雨水，由一块田传到另一块田。在潮湿的条件下，病健株间彼此接触摩擦也可传播，收获后病田内的根茎、病株残体为下一年的初侵染源，病种子也能传播该线虫。它也在作物残茬中以干燥状态存活，主要是封闭或部分封闭在叶鞘中的圆锥花序（Cox & Rahman，1979b；Kinh，1981）。7~15个月后，线虫可以在水中重新活化（Butler，1913），但不能保持感染性。在稻作作物残茬（Cox & Rahman，1979b）中，水稻茎线虫有一个“越冬衰退”（Overwinter decay）过程，并且种群数量在收获后迅速下降。然而，水稻茎线虫的不同发育阶段没有内在的控制水分丧失的能力，使其能在严重干燥环境中存活下来，它们必须依赖高湿度和/或植物组织的保护才能长期生存（Ibrahim & Perry，1993）。

2. 传播途径

水稻茎线虫寄生于水稻或其植物寄主的幼嫩组织，未发现它们寄生于植物组织。在潮湿的条件下，水稻茎线虫从土壤中沿着水稻幼苗迁移，并侵入水稻的生长点，在水稻秧苗插栽后的几天，生长点的顶芽上就能发现此线虫，并能随植株的生长点不断转移，取食新形成叶鞘内组织细胞。在水稻开花抽穗期间，在植株的叶鞘、茎和顶节、花梗。散穗花序种子的周围幼嫩的茎部分发现此线虫存在。

收获水稻后病田内的根茎、根蘖、病株残余，其他野生寄主及被污染的土壤均可传病，成为次年的初次侵染来源，谷粒内也能发现此线虫，也是该虫进行各种传播的主要途径。水稻茎线虫可由土壤侵入稻苗，然后随病苗移栽到大田，在田间此病原可通过田间的灌水，排水及雨水传播。在气候潮湿时，病株茎叶上的此线虫可通过相互接触摩擦而传播。由该线虫侵染后，叶鞘内散穗花序封闭或花序扭曲、变形、花梗失绿，导致种子扭曲变形皱缩不孕或小穗空谷；严重的可表现为生长停滞，严重矮化，以及叶片萎蔫，甚至导致绝产。

水稻茎线虫从一个区域传到另一个区域的远距离传播，主要是人为因素在起作用，如随稻种的引进和铺垫稻草料等的进口作远距离传播，稻种的引进是水稻茎线虫作远距离传播的主要途径。

水稻茎线虫侵染水稻后，受害水稻植株矮化，使叶片先端发白，而后变成褐色、枯萎，最后一个节间以上的叶鞘、叶边卷缩，花梗扭曲，幼穗停止，常不能抽穗，结实不良，受害严重则全株枯死呈现直立的白穗。水稻茎线虫侵染后，还可使植株内含氮量增加，使植株易于感染稻瘟病菌，而引起的水稻叶片上的褐色斑点可成病菌 *Fusarium*、*Cladosporium* 的次生侵染点。如果水稻的秧苗被水稻茎线虫侵染，即使初侵染率很低，仍会导致严重的产量损失。据报道，4%～10%的秧苗被此线虫侵染，将导致的产量损失为 1.26～3.94t/hm^2。此病造成的损失有时是极其可怕的，在许多情况下，仅能收获得到极少的稻谷，甚至绝产。通常直播稻田此病发生重，移栽秧苗的稻田发病轻。

3. 为害症状

Das 等（2011）研究表明，水稻茎线虫侵染水稻 10～15 天后即表现病状。其症状在水稻整个生育期不同部位均可表现。发病初期，幼嫩叶片褪绿、畸形；随着病程的发展，叶片出现分散的暗斑，茎干节间区域变深褐色，叶基部和叶鞘扭曲或畸形，下部节间膨胀；发病末期，叶片褪绿，全株枯萎或死亡。若发生在孕穗期，受害严重的穗和穗轴变暗褐色，穗常被包裹在已发病的叶鞘内，造成水稻不能正常抽穗，发生较轻的虽能正常抽穗，但不能结实或仅穗的顶部少量结实（洪剑鸣和董贤明，2006；Rahman，2003）。

Butler（1913）按照是否抽穗将该病害的症状分为 2 种类型：Thor 型，即叶片和穗扭曲，不能抽穗；Pucca 型，即能抽穗但不能结实或少量结实。Cox 和 Rahman（1980）将该病害的症状分为 3 种类型：ufra Ⅰ，被叶鞘包裹不能正常抽穗；ufra Ⅱ，稻穗未完全抽穗，下部稻穗被叶鞘包裹，不能结实；ufra Ⅲ，稻穗能正常抽穗但大部分不能结实。后来根据穗期的症状主要分为以下三类：成熟型：穗形成的早期线虫为害日趋明显，病穗从叶鞘中抽出，靠近穗的顶部，能结成一些正常谷粒，但是穗的下部小花全不受精，或仅有部分小花结实。花梗呈暗褐色到黑色；膨肿型：线虫破坏始于穗形成的早期，这种病穗紧裹叶鞘里面，不能抽出，呈纺锤形肿大，剥去叶靴，可见病穗已变为褐色，并歪曲歪扭，不结实。花的各部也退化难辨；中间型：穗仅部分抽出，显示细弱而不结实，病株常在被害处，形成分枝，即在同一叶鞘内伸出 2~4 根扭曲的穗，其中只有主穗形成的穗，大小正常（刘维志，2004）。

在营养生长过程中，线虫损伤的症状是幼嫩叶片上突出的白色斑点或飞溅状的白色斑点。棕色斑点可能在叶鞘上发展，并随后强化为棕色；这样的鞘内的叶子可能起皱。幼叶基部被扭曲，叶鞘扭曲，下部节点可能变得肿胀不规则分枝。在抽穗后，感染的穗子通常会变皱，存在空的、皱缩的颖片，特别是在它们的基部；穗头和旗叶扭曲变形（Butler，1913；Hashioka，1963；Vuong & Rabarijoela，1968；Cox & Rahman，1980；Chakrabarti *et al.*，1985）。通常在穗发生后在田间可观察到 ufra 感染植物的深褐色斑块（图 4-2 至图 4-4）。

4. 寄主种类

水稻茎线虫对水稻专性外寄生，还可寄生于稻属植物的其他种，寄主包括栽培稻和野生稻以及部分杂草，如亚洲栽培水稻（*Oryza sativa* L.）、高秆野生稻（*O. alta*）、普通野生稻（*O. rufipogon*）、非洲栽培稻（*O. glaberrima*）、阔叶稻（*O. latifolia*）、疣粒稻（*O. meyeriana*）、印度野生稻（*O. nivara*）、小粒野生稻（*O. minuta*）、药用稻（*O. officinalis*）、野生红稻（*O. perennis*）和光头稗（*Echinochloa colona* L.）、水禾（*Hygroryza aristata*（Retz.）Nees）、间序囊颖草（*Sacciolepis interrupta*（Wild.）Stapf）、假稻（*Lersia hexandra*）等杂草（洪霓和高必达，2005；USDA，2011）。水稻茎线虫也可在不同的真菌上繁殖，如链格孢菌（*Alternaria* Nees）和灰葡萄孢菌（*Botrytis cinerea*）（戚龙君等，2002）。

5. 致病机制

植物线虫对寄主致病机理理论上主要可以分为 3 种：①由于取食或穿刺的机

图 4-2　水稻茎线虫造成水稻死苗（Bridge and star，2007）

图 4-3　水稻茎线虫早期为害症状（Bridge and star，2007）

械作用而形成寄主严重的机械损伤；②线虫与其他病原相互作用引起病害；③线虫分泌物在寄主致病中的重要功能。

图 4-4　水稻茎线虫后期为害症状（Bridge Starr，2007）

（1）由于取食或穿刺的机械作用而形成寄主严重的机械损伤

Latif 等（2013a）开展了单一接种水稻茎线虫或水稻干尖线虫（*Aphelenchoides besseyi*）和不同比例混合接种时对粮食产量影响的研究，试验表明，仅接种水稻茎线虫时，粮食产量损失达62%，比仅接种 *A. besseyi* 和不同比例混合接种的产量损失高。

（2）线虫与其他病原相互作用引起病害

与水稻茎线虫有关的叶面褐色斑点可能成为镰刀菌（*Fusarium* spp.）和枝孢霉真菌（*Cladosporium*）的二次侵染位点（Vuong，1969）。

（3）影响植物正常生理活动

水稻茎线虫可以增加水稻植株的氮含量，从而使植物更容易受到稻瘟病菌的影响（Mondal *et al.*，1986）。

Ali 等（1997）用 0 条、10 条、100 条、1 000条和 2 500条水稻茎线虫/株植物接种保持在（25±5）℃和 80%±10%相对湿度的温室条件下的 20 日龄粳稻幼苗（*Oryza sativa* cv. Reiho）在接种后 42 天内每隔 1 周测定一次植物生长参数、净光合速率、叶绿素含量、还原糖、非还原糖和游离氨基酸含量。接种 7 天后，2 个较高的初始接种量(1 000条和2 500条）显著降低了主茎的株高、主茎高度和叶面积；接种 14 天后，植株鲜重和干重、分蘖高度和分蘖叶面积显著降低。随着初始接种量的增加，主茎叶片净光合速率和主茎鲜重叶绿素含量从 14 天开始显著下降。接种 3 天后主茎叶片的还原和非还原糖及游离氨基酸浓度均随着接种量的增加而显著增加。两种糖的增加持续达 7 天，氨基酸达 14 天，此后还原糖和游离氨基酸降至对照水平，非还原性糖降至对照水平的 50%。1 000条和2 500条线虫/植株的主茎分别在接种后 42 天和 28 天枯萎。由此表明，水稻茎线虫可以显著降低植株高度和叶片中的光合速率。

6. 线虫发育与环境的关系

水稻茎线虫运动和发育都需要高湿度，从水稻播种开始，如果生育期内雨水多，湿度大，有利于病原线虫繁殖、运动和入侵寄主，病害发生就会加重，干旱季节，发病就轻。国外资料表明，在孟加拉国，一年种多季水稻，在雨季中生长的水稻受害重，少雨的秋稻受害轻，在线虫群体密度还没有达到高峰时，水稻就成熟收获了。而 1—4 月生长的第三季稻，因生长期是当地的干旱季节，几乎不受感染。另外，线虫在冬天和春天能活下来的群体数量越多，下一个生长季节就越活跃，从而加重病害发生。

研究表明，当湿度达 75%以上时，水稻茎线虫能完成从土壤到水稻植株、从病残体到健康植株的侵染过程，当湿度大于 85%时也可通过水稻叶片的接触从带病植株侵染到健康植株（Cuc & Kinh，1981；Rahman & Evans，1987；Perry，1995；Bridge *et al.*，2005）。

水稻茎线虫的生命力极强，在花和叶鞘内至少能存活 6 个月（Bridge *et al.*，2005；Latif *et al.*，2011a）；在干燥的土壤里能存活 1.5 个月，在淹水的土壤里至少也存活 4 个月（Butler，1913）；在含水量高于 14%的饱满谷粒和空瘪的谷粒中也能存活（Butler，1919；Ibrahim & Perry，1993；Das *et al.*，2011）。研究还表明，将种子在太阳下暴晒 1 天（32℃），并存放在（22±5)℃保存 3 个月后仍有 27%的水稻感染茎线虫病（Prasad & Varaprasad，2002）。因此，灌溉水、地表径流、水稻残株、穗、种子等为水稻茎线虫的传播创造了条件。

淹水土壤中的水稻茎线虫在不到 4 个月的时间内是无活性的（Butler，1913），并可能在更短的时间内丧失其侵染性。然而，被侵染的土壤即使在干燥 6 周后种植水稻，也可能在 2 个月后出现 ufra 病征（Cuc，1982）。来自病株周围的土壤通常不会产生病症（Hashioka，1963），并且是疾病传播和线虫存活的次要组成部分。

大多数水稻茎线虫在水中几天后死亡，但已经观察到更长时期的存活（Butler，1919）。线虫的死亡似乎在水中发生，但即使在水中相对短暂的存活，也能使 *D. angustus* 通过水流传播来感染新的植物（Hashioka，1963；Sein & Zan，1977）。在径流水、运河和河流中进行长距离输送是可能的。在高湿度（>75%相对湿度）中，线虫可以在水中、通过茎和叶接触，从病态植株迁移健康植株（Rahman & Evans，1987）。

水稻茎线虫能寄生深水稻、灌溉稻和旱稻，至少需要 75%的相对湿度才会迁移到叶面上。在孟加拉国，最湿润的年份和最湿润的地区，降水量超过 1. 6m 的地区，水稻茎线虫最为严重（Cox & Rahman，1980）。在越南，降雨量大的几个月水位高的地区，这种疾病是最严重的（Cuc & Kinh，1981）。

7. 水稻茎线虫在我国的适生性分析

在中国，1986 年水稻茎线虫就被作为禁止输入的为害性有害生物，并对来自水稻茎线虫疫区的水稻（谷种、稻穗、稻草、草席、草袋、秧苗、根蘖、稻桩）及稻属等寄主植物及其产品的进口，采取严格的官方控制措施，严防水稻茎线虫从国外传入。

黄可辉和郭琼霞（2003）从地理分布和管理标准、定殖和定殖后扩散的可能性、经济影响评估和传入的可能性及风险管理措施等 6 个方面对水稻茎线虫进行了风险评估，认为我国的海南、广东、广西、福建、浙江、江西、云南、贵州、四川、湖南、湖北、江苏、安徽、河南、陕西、山东、河北、山西、北京等 20 多个省（区）、市与水稻茎线虫发生区域等纬度相似，根据同纬度、气候相似或地理相似原理，我国大多数的气候条件适合水稻茎线虫定殖、适生条件，也说明中国的气候条件适合水稻茎线虫的发生和流行。由此说明，水稻茎线虫在中国广泛定殖的可能性、定殖后扩散的可能性以及经济影响和进入的可能性都很大，从而水稻茎线虫随从疫区的稻谷种引进及稻草等铺垫材料而传入中国的风险极高。

四、检测技术

1. 形态学方法

依据形态学特征对线虫进行分类鉴定是最直观、最常用的鉴定方法，它是以线虫的形态和结构特征为依据，是线虫分类学的基础。早期的线虫鉴定形态学方法是分类的最主要的依据。在生长的植物或作物残茬的叶子中能发现水稻茎线虫，主要靠近叶子和花序中心的生长点，正是需要从这些植物的这些部分采样。纵向切割大约5mm长的植物以暴露最里面的幼叶。线虫可以从放在Baermann漏斗或小托盘上的小容器中的植物碎片中提取，放置24h或过夜，然后检查悬浮液。为了立即检查材料，卷叶或幼花可以在水培养皿中分开并直接观察。线虫在新鲜材料中是活跃的，但是需要一些时间从干穗中恢复活动。

水稻茎线虫形态测量值如下：

雌虫：L=800~1 200μm；a=50~62；b=6~9；c=18~24；st=10~11μm。

雄虫：L=700~1 180μm；a=40~55；b=6~8；c=19~26；st=10μm；sp=16~21μm。

由于物种内的个体差异和环境因素的不同，导致水稻茎线虫的体长（L）、体长/最大体宽（a）、体长/体前端至食道与肠连接处的距离（b）、体长/尾长（c）、口针长度（st）、阴门锥长度（sp）等形态特征有所差别（戚龙君等，2002；Das & Bajaj，2008）。

2. 同工酶电泳技术

同工酶（isoenzyme）是指生物体内催化相同反应而分子结构不同的酶。按照国际生化联合会（IUB）所属生化命名委员会（CBN）的建议，则只把其中因编码基因不同而产生的多种分子结构的酶称为同工酶。在生物学中，同工酶可用于研究物种进化、遗传变异、杂交育种和个体发育、组织分化等。同工酶鉴定技术是在20世纪60年代发展起来的一种用于鉴定根结线虫相对较快的方法，Dickson等（1970）将该电泳技术首次应用于根结线虫，结果表明，不同种的根结线虫蛋白质和一些酶的谱带类型有差异。

同时，Carneiro等（2000）报道酯酶（Esterase）和苹果酸脱氢酶（Malate dehydr ogenase）谱带可以有效地鉴定4种常见根结线虫，即南方根结线虫［*Meloidogyne incognita*（Kofold & White）Chitwood］、花生根结线虫（*M. arenaria* Neal）、北方根结线虫（*M. hapla* Chitwood）、爪哇根结线虫（*M. javanica* Treub）。其中，苹果酸脱氢酶是催化L-苹果酸脱氢变成草酰乙酸的酶（EC1.1.1.37）。以NAD^+作为电子受体。广义上也包括以NAD^+或$NADP^+$作为受体而生成丙酮酸和碳酸的苹果酸酶（EC1.1.1.38~40）。与$NADP^+$也有弱反应，也可将其他羟酸脱氢。广泛存在于线粒体、细菌细胞膜上，为三羧酸循环中的一种酶。由于酶的来源不同，其某些性质也不一样。

3. 鉴别寄主反应

寄主鉴别反应较多地用于根结线虫和孢囊线虫生理小种和致病型的鉴定。北卡罗来纳州Sasser和Taylor经多年试验筛选出的用来鉴定根结线虫的种和生理小种的6个鉴别寄主烟草NC95（*Nicotiana tabacum* L.）、棉花Deltapine 16（*Gossypium* spp.）、辣椒California Wonder（*Capsicum annuum* L.）、西瓜Charleston Grey（*Citrullus lanatus* Thunb.）、花生Florrunner（*Arachis hypogaea* L.）、番茄Rutgers（*Lycopersicon esculentum* Mill.），这几种作物均是现在国际上通用的鉴别寄主。利用这种方法可以有效鉴定出种常见根结线虫和其生理小种，同时综合利用形态学特征测计值等生物学特性会得到更准确的结果。

4. 细胞遗传学方法

细胞遗传学特征可以作为线虫鉴定的辅助手段，例如根结线虫最重要的细胞遗传学特征是其生殖方式中的卵母细胞成熟过程和染色体数目，但由于其操作过程复杂且需要具备某些特殊的细胞学程序试验设备，因而近年来已很少采用此方法进行种类鉴定，但细胞遗传学特征对于研究根结线虫的系统发育很有意义（刘培磊，2002）。

5. 分子检测技术

随着分子生物学技术深入发展，20 世纪 80 年代，分子诊断也成为植物线虫研究的新途径。该技术在各个研究领域得到广泛应用，同时，伴随着越来越多植物线虫相似种的发现，单单从形态学方面的特征上来鉴别已经很难办到。另外随着抗线虫育种的飞速发展，对具有严重为害性的植物寄生线虫如球形孢囊线虫（*Globodera* spp.）、茎线虫（*Ditylenchus* spp.）、伞滑刃线虫（*Bursaphinema* spp.）、孢囊线虫（*Heterodera* spp.）等的鉴定也提出了更高的要求。因此，生物化学和分子生物学鉴定方法的应用将为传统的线虫分类提供一个很好的途径（Evans *et al.*，1993）。

在分子鉴定方面，Ibrahim 等（1994）依据秀丽隐杆线虫（*Caenorhabditis elegans*）的 18S 和 26S 核糖体 RNA 基因的保守序列设计 PCR 引物进行扩增，并利用限制性内切酶酶切 PCR 产物后进行电泳分析，可将水稻茎线虫和 *Aphelenchoides* 划分开。其利用聚合酶链式反应（PCR）扩增来自亚种（*Aphelenchoides*）和水稻茎线虫的核糖体 DNA（rDNA）片段。所用的 PCR 引物是基于秀丽隐杆线虫的 18S 和 26S 核糖体 RNA 基因的保守序列设计，这些引物扩增 1 292 个碱基对（bp）片段，其中包括两个内部转录间隔区和整个 5. 8S 基因。来自 12 个物种的粗制 DNA 制备物和 *Aphelenchoides* 和茎线虫的扩增产物的大小范围为 860~1 100bp。用来自 *C. elegans* 的克隆的核糖体重复探测的 Southern 印迹证实了这些扩增带的核糖体片段的身份。除了扩增的 rDNA 片段的大小不同之外，与秀丽线虫探针杂交的相对强度表明物种和种群之间的序列差异程度不同。用六种限制性酶切割扩增的 rDNA 片段，产生的限制性片段揭示了物种和一些未描述群体之间有用的诊断差异。

五、综合治理技术

1. 严格执行检疫制度

水稻茎线虫能在干燥的稻种中存活 6～15 个月，因此可随稻种、稻穗、稻草、草席、草袋及稻属等寄主植物及其产品的进口进入中国。中国水稻种植面积很大，大部分地属亚热带海洋气候，一旦传入，在中国水稻上定殖为害的可能性很大，风险极高（黄可辉，等，2003）。为保障我国粮食安全，在加强进口种质材料及其附属物严格检疫的同时，需进一步开展风险评估分析，并通过国际合作，监测水稻茎线虫病在周边国家的发生，以防传入我国（刘树芳等，2016）。禁止从水稻茎线虫疫区进口水稻稻属等寄主植物及其产品（稻种、稻穗、稻草、草席、草袋、秧苗、根蘖、稻桩），禁止从疫区进口水稻及稻属的种子等繁殖材料和与其有关的包装物和铺垫材料。

现场检疫抽样方法如下：稻种：首先要注意检查褐色畸形种子，其次要看稻种内是否混有稻草或其他水稻残体，同时注意是否夹带泥土等，收集后与采样的样品一并送实验室进行检查。按总件数的 5%～20% 抽样，最低抽检 10 件。取样的数量为：10kg 以下取 2kg；11～100kg 取 4kg；101～500kg 取 6kg；501～1 000kg取 8kg；1 001～2 000kg 取 10kg；2 001～5 000kg 取 12kg；5 001～10 000kg 取 14kg；10 001～100 000kg 每增加5 000kg 增取 2kg，不足5 000kg 余量取 2kg。

稻草及其编织品：检查叶鞘颜色异常、叶缘卷缩、叶尖弯曲、整张叶片扭曲或呈畸形、草秆短小的稻草及其编织品。收集上述可疑植物材料及所夹带的土壤等与采集的样品一并带回实验室检验。稻草及其编织品。按总件数的 5%～20% 抽样，每次检查不得少于 10 件且不少于 500 根。取样的数量为：50 根以下取 5 根，51～200 根取 10 根；201～1 000根取 15 根；1 001～5 000根取 20 根；5 001根以上，每增加5 000根增取 5 根样品，不足5 000根的余量计取 5 根样品。

2. 农业防治

清洁田园，清除病残体和田间杂草，采取水旱轮作模式以及优化种植，能降低水稻茎线虫病发病（Chakraborti，2000；Rahman，2003）。

（1）清洁田园

焚烧被感染的作物残茬是一直被提倡并且能非常有效地控制水稻茎线虫的一种方法（Butler，1919）。但是，在水稻收获后，土壤仍然涝渍或者大部分秸秆被用于其他目的时，用此方法来控制水稻茎线虫是较为困难的（McGeachie & Rahman，1983）。在潮湿的土壤中，作物残茬的犁耕能减少线虫的数量，而在叶面中的减少更为迅速（Butler，1919）。发现水稻被水稻茎线虫侵染时，应当销毁大米收获后的秸秆，以防止水稻茎线虫的进一步繁殖。用此方法来控制水稻茎线虫取决于当地的资源和土壤条件。

（2）轮作

轮作或休闲是有效的防除水稻茎线虫的措施之一。利用水稻茎线虫只寄生稻属作物的特点，轮种其他非寄主植物 1 年或让病田休闲 1 年，就可以让田间土壤中的病原线虫因为缺少寄主而死亡。在深水稻田中种植黄麻（*Corchorus capsularis* L.）等非寄主作物，可以降低洪水发生的速度不太快的地区水稻茎线虫病的发生率（McGeachie & Rahman，1983）。旱稻种植田块与另一个非寄主芥菜（*Brassica juncea* L.）和黄麻轮作，比连作栽培稻水稻茎线虫病的发生率低（Miah & Rahman，1985；Chakraborti，2000）。播种或移栽深水稻要比平常延迟 2~3 个星期或等洪水退后进行，这样其侵染性就会减轻 25%~28%或者更多，当然采用这种防治措施受一定条件限制（Das *et al.*，2011）。

（3）清除其他寄主

拔除田间再生稻、野生稻和其他寄主杂草将有助于防止线虫从一种水稻作物转移到下一种寄主（Hashioka，1963；Sein & Zan，1977）。

（4）控制田间水资源

由于线虫可以很容易地传播到地表水中，因此改善灌溉条件或者防止河流溢出到田地中是一种对水稻生长有益的方法（Sein & Zan，1977）。

（5）优化栽培技术

由于水稻茎线虫只能生存有限的一段时间，因此延长过冬期可以减少原发性感染（Cox & Rahman，1980；McGeachie & Rahman，1983；Das & Bhagawati，1992）。控制水稻种植模式和栽培技术可能是有效的控制手段，可以通过使用深水稻的短生育期品种或晚播和移栽来实现（McGeachie & Rahman，1983）。由于水稻茎线虫主要从水面进入叶鞘（Plowright & Gill，1994），所以幼苗期短时间的淹水可以减少线虫的感染。

3. 抗性品种

利用抗性品种也能较好地控制水稻茎线虫的发生。大量的深水和旱地水稻品种已经被证明对水稻茎线虫具有较好的抗性。例如，越南 4 个高产局部改良育种品系（IR9129-393-3-1-2，IR9129-169-3-2-2，IR9224-117-2-3-1 和 IR 2307-247-2-2-3）和 3 个栽培品种（BKN6986-8，CNI-53 和 Jalaj）被报道为轻微感染（Kinh & Phuong，1981；Kinh & Nghiem，1982）；来自 Irawaddy 三角洲的缅甸品种（B-69-1）耐水稻茎线虫病（Sein，1977a）；泰国品种（Khao Tah Ooh）相对不易感（Hashioka，1963）；印度西孟加拉邦的两个品种（IR36 和 IFT4094）也对水稻茎线虫不太敏感（Chakrabarti *et al.*，1985）。野生稻中，*O. subulata* 和深水稻品种（cv. RD-16-0）中发现了对水稻茎线虫的完全抗性（Miah & Bakr，1977b）。由于其较好的抗性，Rayada 组是未来最大的希望。Rayada 系对孟加拉国的水稻茎线虫具有高度抗性，而其他种则表现出中度抗性（Rahman，1987；Das & Sarmah，1995）。Cv. Rayada B3 已被证明是抗水稻茎线虫并且高产的品种（Das *et al.*，2000）。在印度和孟加拉国，水稻茎线虫并不侵染 cvs Padmapani 和 Digha，有人认为因为它们生长期较短而避免了感病（Mondal & Miah，1987；Rathaiah & Das，1987）。

Latif 等（2011b）发现，为了开发水稻对稻瘟病和水稻茎线虫病两大病害的抗病品种，应分别以 BR29×NJ70507，BR36×NJ70507 为亲本进行杂交，BR11×Aokazi，BR3×Aokazi，Rayda×BR3 以及 Rayda×BR11 杂交。Khanam 等（2016）从 85 个水稻品种中，筛选到 1 个具有高抗水稻茎线虫病的地方品种

（Manikpukha）及 6 个抗病的品种，并且发现 Manikpukha 对水稻茎线虫的抗性可能依赖于苯丙氨酸代谢途径的产物（Khanam *et al.*，2017）。

4. 生物防治

生物农药防治线虫病是一种安全有效的方法，发展生物农药已成为当前农药发展的必然趋势。植物寄生线虫的生物防治是通过自然环境中的天敌或植物源提取物抑制农业生态系统中线虫的种群数量，具有多种作用方式，比如寄生、产生毒素、营养竞争、诱导系统抗性和促生作用。植物寄生线虫的天敌微生物众多，包括寄生或捕食性的食线虫真菌，产毒真菌，竞争和颉颃性的细菌和放线菌等。武志朴（2005）温室试验证实链霉菌 Men-myco-93-63 发酵液具有很好的防治甘薯茎线虫（*D. destructor*）的作用，室内研究发现链霉菌 Men-myco-93-63 发酵液防治甘薯茎线虫病的机制不在于杀死病原线虫，而是降低病原线虫对甘薯汁液的趋化性并对薯块具有保护作用。

（1）寄生性真菌

寄生性真菌以黏性或非黏性孢子附着于线虫体表，通过线虫的口腔、肛门或阴门侵入线虫体内，引起线虫致病或杀死线虫。其中拟青霉属（*Paecilomyces*）中的淡紫拟青霉（*P. lilacinus*），不但可以寄生线虫卵，还可以侵染幼虫和成虫。1999 年，南京农业大学科技开发部开发出淡紫拟青霉的商品制剂，对多种线虫均有较好防治作用。轮枝菌属（*Verticillum*）能有效地寄生根结线虫卵，对南方根结线虫有较好的控制作用。

（2）捕食线虫真菌

该类真菌具有菌丝变态形成的收缩环、非收缩环、菌网、黏着收缩环、黏着孢或黏着丝等捕食器官。目前已报道的有 15 个属 100 多个种。李天飞等（2000）系统地、有计划地研究了这类真菌。应用于线虫防治的捕食线虫真菌如节丛孢属（*Arthrobotrys*），Cayrol 等（1989）成功地应用节丛孢属真菌防治双孢蘑菇的蘑菇菌丝线虫（*D. myceliophagus* Coodey），使蘑菇产量提高 25%。

（3）细菌

应用细菌防治植物寄生线虫研究在国内外已取得很大进展。荧光假单胞菌（*Pseudomonas fluorescen*）对植物寄生线虫具有很强的抑制作用，并且其产生的抗生素 2，4-二乙酰基间苯三酚具有诱导植物产生系统抗性的作用（Ramette *et al.*，2011）。土壤中的巴氏杆菌（*Pasteuria penetrans*）孢子以休眠体的形式存在，能在土中存活几年时间，直至遇到适宜的线虫，诱导萌发。其内生孢子寄生性和抗逆性都很强，内生孢子容易附在线虫体壁上，随后孢子萌发成芽管侵入线虫体壁，在体内形成有枝的菌丝，芽孢囊生长并散出许多孢子，最后充满线虫体内。

（4）放线菌

放线菌属于原生生物界，厚壁菌门中的放线菌纲。它是一种重要的微生物资源，是抗生素的主要来源，在已报道的 8000 多种抗生素中，大部分都是由放线菌产生的，而产抗生素的放线菌大多数是链霉菌（*Streptomyces* spp.）。很多抗生素用于防治线虫病害，如多杀菌素、阿维菌素等杀虫抗生素。

（5）植物提取物

使用印楝公司（Azadirachta indica）生产的印楝素（Azadirachtin）在秧苗综合应用浸根和叶面喷施，或者与翻耕相结合（Chakraborti，2000），已经有一些成功的应用。印楝（Neem）种子本身也能很好地控制线虫，与克百威一样有效（Rahman，1996）。由于化学药剂易造成环境污染的问题，相关国家正开展植物源杀虫剂如印楝素防治水稻茎线虫病的研究工作（Chakraborti，2000）。

5. 诱导抗性

植物对病害的诱导抗性（induced resistance）是一种由特殊的激发因子诱导的增强植物防御能力的生理状态，能够使植物在受到真菌、细菌、病毒及线虫等的刺激下，增强自身的免疫能力（Vallad & Goodman，2004；黄文坤等，2015）。系统诱导抗性的产生通常因激发子和调控方式不同分为两种主要途径：系统获得抗性（Systemic acquired resistance，SAR）和诱导系统抗性（Induced systemic resistance，ISR）（Elad *et al.*，2010）。SAR 能够在植物受毒性因子、非毒性因子或非病原微生物影响时被激发。SAR 的形成需要一定的时间，伴随几丁质酶（Chitinase）、葡聚糖酶（Glucanase）等病程相关蛋白的积累，并且受水杨酸（Salicylic acid，SA）途径调控，通常出现过敏性坏死反应（Hypersensitive response，HR）。ISR通常由植物促生细菌（Plant growth-promoting rhizobacteria，PGPR）或植物促生真菌（Plant growth-promoting fungi，PGPF）诱导，并且受乙烯（Ethylene，ET）和茉莉酸（Jasmonic acid，JA）信号途径调控（Van Wees *et al.*，1997；Vallad & Goodman，2004）。在植物受到病原物攻击时，表达SAR抗性的叶片通常会发生SA反应防御相关基因的表达量上调，而表达ISR抗性的叶片通常会发生JA/ET反应防御相关基因的表达量上调，并且两种途径的联合作用能够使植物对病原物的抗性谱更广（Choudhary *et al.*，2007）。Nahar等（2011）发现，在水稻幼苗上外源应用乙烯和茉莉酸（Methyl jasmonate，MeJA）可以显著诱导根部对水稻根结线虫的抗性，并且ET诱导的防御需要完整的JA途径，而JA诱导的防御在ET信号被修复后仍然起作用。然而，Bhattarai等（2008）发现，番茄（*Lycopersicon esculentum* Miller）对根结线虫的感病性需要完整的JA信号途径。Lohar和Bird（2003）在ET抗性的百脉根（*Lotus corniculatus* L.）植株中没有发现对南方根结线虫（*M. inconita*）感病性的变化，但在叶部应用JA后能够诱导番茄对南方根结线虫的抗性（Cooper *et al.*，2005）。

6. 化学防治

尽管化学防治水稻茎线虫病十分有效，但其使用成本较高、危险性较大。此外，由于化学药剂使用较困难，如在洪水期间使用又较危险，因此深水稻中化学农药的使用极其有限。虽然化学药剂如呋喃丹（Carbofuran）、灭克磷（Mocap）和久效磷（Hexadris monocrotophos）等在防治水稻茎线虫病上已经取得了一些成功，但因其成本高、难以正确使用，尚未推荐为大规模的田间使用（Bridge，2015）。联合喷洒呋喃丹（Carbofuran）和苯莱特（Benomyl）使线虫种群和发病率大大地减少了，但使用的价格通常也是不经济的（Das，2015）。

田间试验表明，在水稻播种前或移苗前使用呋喃丹30kg/hm^2，比不施用的可减轻病害42%~63%，可增产38%~59%（Latif *et al.*，2011b，2013b）。用药前把田水放至3~5cm深，水稻移栽后的第7天和稻分蘖期各用药1次，直接把配好的拌细土药撒入田间，可有效地控制水稻茎线虫病的发生为害。具体药剂是：每公顷用3%呋喃丹1.5kg，或用50%线畏磷10kg，或用10%涕灭威3kg，或用 10%乙拌磷 10kg。另一种方法是，将秧苗在杀线虫剂中进行蘸根处理，这种方法相对实惠而安全。秧苗可通过 3%米拉尔（Miral）和 10%涕必灵（Tecto）混合溶液蘸根而有效控制 Ufra 病害。

六、存在的问题及展望

1. 生物防治制剂防效低

因缺少有效、对环境友好的杀线剂，所以采用生物防治是线虫病害防治的重要手段，是保护生态环境、实现农业可持续发展的有利保证。但在实际应用中，植物根际–线虫–生防菌三者间相互作用关系及土壤生态环境（土壤温湿度、pH 等）和多种外界环境因子（植物残体及其他微生物产生的代谢产物、农药等化学物质）都制约生防菌在根际的定殖及对线虫的侵染率，从而影响生防效果（刘杏忠等，2004）。并且在防治水稻茎线虫的方法中，并未发现对水稻茎线虫有良好防治效果的生防菌。

在线虫生物防治中，所有生防制剂迄今仍有两大难题没有解决：一是田间接种效果不稳定；二是所接菌株的存活量难以达到要求，因此生物防治防效并不高（杨宁等，2006）。生物防治方面的研究仍需更深入的科研工作。

2. 化学农药对人类与环境的毒性

化学农药不仅对靶标生物具有毒性，某些农药品种对人类也有致死、内分泌干扰或致癌、致畸和致突变作用等，因此化学农药的大量使用也会对人类健康产生严重危害。我国每年化学农药使用面积在 $2.8\times10^{8}hm^{2}$ 以上，施用量达 50 万～60 万 t，其中约 80%的化学农药直接进入环境。农药进入环境后不仅可以在大气、土壤、水等环境介质之间扩散，还会随着食物链的传递在不同生物体内富集，进而对整个生态系统的结构和功能产生危害，因此化学农药环境污染的防控任务十分艰巨（卜元卿等，2014）。

目前，可用于水稻茎线虫化学防治的低毒高效的药剂品种还很少，现有的杀线虫剂大都是有机磷类和氨基甲酸酯类药剂，如呋喃丹，灭克磷，久效磷等。这些药剂大多属于高毒药剂，对健康的环境还存在破坏土壤环境、改变土壤微生物群落、污染水源以及药剂残留引起人畜的中毒等一些副作用。高效、低毒、安全的杀线虫剂仍然是今后杀线虫剂研发的方向。

3. 高抗品种资源缺乏

Plowright 等（1996）研究了几种抗性和易感水稻品种中水稻茎线虫的种群动态。他们观察到不同抗性水平的品种中，线虫的侵染率存在差异，并发现品种间存在不同的抗性机制。

最近报道了水稻品种 Manikpukha 高抗水稻茎线虫。Khanam 等（2017）研究了 Manikpukha 抵抗茎线虫的潜在机制。结果显示 Manikpukha 的抗性与水稻茎线虫的发育和繁殖降低有关，这意味着水稻的抗性在水稻茎线虫入侵后才起作用。并研究了 3 种经典的防御激素水杨酸（SA）、茉莉酸（JA）和乙烯（ET）对感染后参与的反应，及使用生物合成/信号转导缺失的转基因水稻品系进行感染的相互作用。所有这 3 种激素似乎对日本晴的水稻茎线虫基本防御有影响。尽管激素应用增加了基础防御，但并未显示在 SA，ET 和 JA 的任何激素生物合成或信号传导途径中存在明确的上调表达。然而，似乎 *OsPAL*1 在抗性中起关键作用，表明苯丙素途径及其产物可能是抗性相互作用中的关键参与者。木质素测定结果表明，虽然基础水平相似，但 Manikpukha 木质素含量显着高于线虫感染，而在感病品种木质素含量下降。结果表明，SA、ET 和 JA 参与了基础防御，但 Manikpukha 对水稻茎线虫的抗性可能依赖于苯丙素途径的产物（Khanam *et al.*，2017）。

4. 综合治理对策

建议水稻茎线虫的管理措施由深水稻管理项目（Deepwater Rice Management Project）（Anonymous，1987）推进：①严格开展检疫工作，禁止从水稻茎线虫疫区进口水稻属等寄主植物及其产品；②彻底燃烧患病作物残渣以消除所有受侵染的茎干；③通过延迟播种以延长线虫越冬期；④使用早熟品种或抗性品种，培育优质抗病品种是最有效的治理措施（Bridge *et al.*，2015）。

（撰稿：彭焕，向超）

参考文献

洪剑鸣，董贤明 . 2006. 中国水稻病害及其防治［M］. 上海：上海科学技术出版社 .

洪霓，高必达 . 2005. 植物病害检疫学［M］. 北京：科学出版社 .

黄可辉，郭琼霞 . 水稻茎线虫风险分析［J］. 2003. 福建稻麦科技，（4）：12-14.

黄文坤，占丽平，吴青松，等 . 2015. 植物对线虫病害的诱导抗性及生理生化机制［J］. 农业生物技术学报，23（11）：1501-1508.

李芳荣，龙海，程颖慧，等 . 2015. 我国公布的进境植物检疫性线虫名录及其演变［J］. 中国植保导刊，35（9）：62-65.

李天飞，张克勤，刘杏忠 . 2000. 食线虫菌物分类学［M］. 北京：中国科学技术出版社 .

李喜阳 . 1998. 老挝植物检疫性有害生物名录［J］. 中国进出境动植检，（2）：28-29.

刘培磊 . 2002. 中国根结线虫群体的同工酶表型和线粒体 DNA 多态性分析［D］. 南京农业大学 .

刘树芳，董丽英，李迅东，等 . 2016. 水稻茎线虫病研究进展［J］. 生物安全学报，25（3）：229-232.

刘维志 . 中国检疫性植物线虫 . 2004. 北京：中国农业科学技术出版社 .

刘杏忠，张克勤，李天飞 . 2004. 植物寄生线虫生物防治［M］. 北京：中国科学技术出版社 .

彭德良 . 1998. 种传线虫病及其治理措施［J］. 中国农业大学学报，3：93-96.

戚龙君，宋绍秋，林茂松 . 水稻茎线虫检疫鉴定方法：SN/T 1136—2002［M］. 北京：中国标准出版社 .

王峰，王志英，刘雪峰 . 2007. 8 种检疫线虫传入黑龙江的风险评估［J］. 中国农学通报（1）：351-354.

武志朴 . 2005. 链霉菌 Men-myco-93-63 防治甘薯茎线虫病初步研究［D］. 河北农业大学 .

杨宁，段玉玺，陈立杰 . 2006. 植物寄生线虫生物防治中存在的问题及解决途径［J］. 植物保护（4）：4-9.

元卿，孔源，智勇，等 . 2014. 化学农药对环境的污染及其防控对策建议［J］. 中国农业科技导报，16（2）：19-25.

Ali M R，Fukutoku Y，Ishibashi N. 1997a. Effect of *Ditylenchus angustus* on growth of rice plants［J］. Japanese Journal of Nematology，27（2）：52-66.

Ali M R，Kondo E，Ishibashi N. 1997b. Effect of temperature on the development and reproduction of *Ditylenchus angustus* on fungal mat of *Botrytis cinerea*［J］. Japanese Journal of Nematology，27（1）：7-13.

Anonymous. 1987. Deep water rice pest management project. Recognition of Ufra disease［M］. International Rice Research Institute，Government of India and West Bengal.

Bhattarai K K，Xie Q G，Mantelin S，*et al.* 2008. Tomato susceptibility to root-knot nematodes requires an intact jasmonic acid signaling pathway［J］. Molecular Plant-Microbe Interactions，21（9）：1205-1214.

Bridge J，Starr J L. 2007. Rice（*Oryza sativa*）［M］//Bridge J and Starr J L. Plant Nematodes of Agricultural Importance：A Colour Handbook. London：Manson Publishing.

Bridge J，Luc M，Plowright R A，*et al.* 2005. Nematode parasites of rice［M］//Luc M，Sikora R A and Bridge J. Plant parasitic nematodes in subtropical and tropical agriculture，2nd ed. Wallingford，UK：CABI Publishing.

Butler E J. 1913. Disease of rice：an eelworm disease of rice［J］. Agricultural

Research Institute Bulletin, 34 (B): 1-37.

Butler E J. 1919. The rice worm (*Tylenchus Angustus*) and its control [J]. Memoirs of the Department of Agriculture in India (Botanical Series), 10: 1-37.

CABI/EPPO. 2015. *Ditylenchus angustus* (rice stem nematode) [OL]. [2015-10-06]. http: //www. cabi. org/isc/datasheet/19285.

Carneiro R M, Almeida M A, Queneherve P. 2000. Enzyme phenotypes of *Meloidogyne* spp. populations [J]. Nematology, 2 (6): 645-654.

Cayrol J C, Djian C, Pijarowski L. 1989. Study of the nematicidal properties of the culture filtrate of the nematophagous fungus *Paecilomyces lilacinus*. [J]. Revue de Nematologie, 12 (4): 331-336.

Chakrabarti H S, Nayak D K, Pal A. 1985. Ufra incidence in summer rice in West Bengal [J]. International Rice Research Newsletter, 10 (1): 15-16.

Chakraborti S. 2000. An integrated approach to managing rice stem nematodes [J]. International Rice Research Notes, 25 (1): 16-17.

Choudhary D K, Prakash A, Johri B N. 2007. Induced systemic resistance (ISR) in plants: mechanism of action [J]. Indian Journal of Microbiology, 47 (4): 289-297.

Cooper W R, Jia L, Goggin L. 2005. Effects of jasmonate-induced defenses on root-knot nematode infection of resistant and susceptible tomato cultivars [J]. Journal of Chemical Ecology, 31 (9): 1953-1967.

Cox P G, Rahman L. 1980. Effects of Ufra disease on yield loss of deepwater rice in Bangladesh [J]. Pans Pest Articles & News Summaries, 26 (4): 410-415.

Cox P G, Rahman L. 1979a. Synergy between benomyl and carbofuran in the control of ufra. [J]. International Rice Research Newsletter, 4 (4): 11.

Cox P G, Rahman L. 1979b. The overwinter decay of *Ditylenchus angustus* [J]. International Rice Research Newsletter, 4 (5): 14.

Cuc N T T, 1982. Field soil as a source of rice stem nematodes. International Rice Research Newsletter, 7 (4): 15.

Cuc N T T, Kinh D N. 1981. Rice stem nematode disease in Vietnam. [J]. International Rice Research Newsletter, 6 (6): 14-15.

Das D, Bajaj H K. 2008. Redescription of *Ditylenchus angustus* (Butler, 1913) Filipjev, 1936. [J]. Annals of Plant Protection Sciences, 16 (1): 195-197.

Das D, Sarma N K, Borgohain R, *et al.* 2000. Rayada B3 - a high-yielding, ufra - resistant deepwater rice for Assam, India [J]. International Rice Research Notes, 25: 17.

Das P, Bhagawati B. 1992. Incidence of rice stem nematode, *Ditylenchus angustus* in relation to sowing time of deep water rice in Assam [J]. Indian Journal of Nematology, 22 (2): 86-88.

Das P, Sarmah N K. 1995. Sources of resistance to rice stem nematode, *Ditylenchus angustusin* deep-water rice genotypes [J]. Annals of Plant Protection Science, 3: 135-136.

Das P. 2015. An integrated approach for management of rice stem nematode, *Ditylenchus angustus* in deep water rice in Assam [J]. Indian Journal of Nematology, 26 (2): 222-225.

Das Debanand, Choudhury B N, Bora B C. 2011. Management of Ufra disease in deep water rice through nematicides and observations on Ufra nematode, *Ditylenchus angustus* [J]. Indian Journal of Nematology, 41 (1): 26-28.

Dickson D W, Sasser J N, Huisingh D. 1970. Comparative Disc-Electrophoretic Protein Analyses of Selected *Meloidogyne*, *Ditylenchus*, *Heterodera* and *Aphelenchus* spp. [J]. Journal of Nematology, 2 (4): 286-293.

Elad Y, David D R, Harel Y M, *et al.* 2010. Induction of systemic resistance in plants by biochar, a soil-applied carbon sequestering agent [J]. Phytopathology, 100 (9): 913-921.

Evans K, Trudgill D L, Webster J M. 1993. Plant parasitic nematodes in temperate agriculture [J]. CAB International: 545–564.

Filipjev I N. 1936. On the classification of the Tylenchinae [J]. Proceedings of the Helminthological Society of Washington, 3 (2): 80–82.

Goodey T. 1932. The Genus Anguillulina Gerv. & v. Ben. , 1859, vel Tylenchus Bastian, 1865 [J]. Journal of Helminthology. 10 (2/3): 75–180.

Hashioka Y. 1963. The rice stem nematode *Ditylenchus angustus* in Thailand [J]. FAO Plant Protection Bulletin, 11: 97–102.

IAPPS. 2014. Stem nematode threatens rice in Ayeyarwady Region, Myanmar. [2014–11–18]. https: //iapps2010. wordpress. com/2014/11/18/stem–nematode–threat–ens–ayeyarwady–region–myanmar/.

Ibrahim S K, Perry R N, Burrows P R, *et al.* 1994. Differentiation of species and populations of *Aphelenchoides* and of *Ditylenchus angustus* using a fragment of ribosomal DNA [J]. Journal of Nematology, 26 (4): 412–421.

Ibrahim S K, Perry R N, Hooper D J. 1994. Use of esterase and protein patterns to differentiate two new species of *Aphelenchoides* on rice from other species of *Aphelenchoides* and from *Ditylenchus angustus* and *D. Myceliophagus* [J]. Nematologica, 40 (1): 267–275.

Ibrahim S K, Perry R N. 1993. Desiccation survival of the rice stem nematode *Ditylenchus angustus* [J]. Fundamental & Applied Nematology, 16 (1): 31–38.

Khanam S, Akanda A M, Ali M A, *et al.* 2016. Identification of Bangladeshi rice varieties resistant to ufra disease caused by the nematode *Ditylenchus angustus* [J]. Crop Protection, 79: 162–169.

Khanam S, Bauters L, Singh R R, *et al.* 2017. Mechanisms of resistance in the rice cultivar Manikpukha to the rice stem nematode *Ditylenchus angustus* [J]. Molecular Plant Pathology.

Kinh D, Nghiem N. 1982. Reaction of rice varieties to stem nematodes in Vietnam

[J]. International Rice Research Newsletter, 7 (3): 6-7.

Kinh D, Phuong C D. 1981. Reaction of some deepwater rice varieties to *Ditylenchus angustus* [J]. International Rice Research Newsletter, 6 (6): 6-7.

Kinh D. 1981. Survival of *Ditylenchus angustus* in diseased stubble [J]. International Rice Research Newsletter, 6 (6): 13.

Kyndt T, Fernandez D, Gheysen G. 2014. Plant-parasitic nematode infections in rice: molecular and cellular insights [J]. Annual Review of Phytopathology, 52 (52): 135-153.

Latif M A, Akter S, Kabir M S, *et al.* 2008. Efficacy of some organic amendments for the control of Ufra disease of rice [J]. Bangladesh Journal of Microbiology, 23 (2): 118-120.

Latif M A, Rafii Y M, Motiur R M, et al. 2011a. Microsatellite and minisatellitemarkers based DNA fingerprinting and genetic diversity of blast and ufra resistant genotypes [J]. Comptes rendus - Biologies, 334 (4): 282-289.

Latif M A, Ullah M W, Rafii M Y, *et al.* 2011b. Management of ufra disease of rice caused by *Ditylenchus angustus* with nematicides and resistance [J]. Kitakanto Medical Journal, 5 (13): 143-152.

Latif M A, Haque A, Tajul M I, *et al.* 2013a. Interactions between the nematodes *Ditylenchus angustus* and *Aphelenchoides besseyi* on rice: population dynamics and grain yield reductions [J]. Phytopathologia Mediterranea, 52 (3): 490-500.

Latif M A, Yusop M R, Miah G, *et al.* 2013b. Chemical control of ufra disease of rice: A simple profitability analysis [J]. Journal of Food Agriculture & Environment, 11 (2): 716-720.

Lohar D P, Bird D M. 2003. Lotus japonicus: A new model to study root-parasitic nematodes [J]. Plant & Cell Physiology, 44 (11): 1176-1184.

Mcgeachie I, Rahman L. 1983. Ufra disease: a review and a new approach to control [J]. Pans Pest Articles & News Summaries, 29 (4): 325-332.

Miah S A, Bakr M A. 1977b. Sources of resistance to Ufra disease of rice in Bangladesh [J]. International Rice Research Newsletter, 2 (5): 18.

Miah S S, Rahman M L. 1985. Severe ufra outbreak in transplanted rice in Bangladesh [J]. International Rice Research Newsletter (Philippines), 10 (3): 24.

Miah, S. A. Bakr M A. 1977a. Chemical control of ufra disease of rice [J]. International Journal of Pest Management, 23 (4): 412-413.

Mian I H, Latif M A. 1994. Ultrastructure and morphometrics of *Ditylenchus angustus* (Butler, 1913) Filipjev, 1936 (Nematoda: Anguinidae) [J]. Japanese Journal of Nematology, 24 (1): 14-19.

Mondal A H, Rahman L, Ahmed H U, *et al.* 1986. The causes of increasing blast susceptibility of ufra infected rice plants [in Bangladesh] [J]. Bangladesh Journal of Agriculture, 11: 77-79.

Mondal A H, Miah S A. 1987. Ufra problem in low-lying areas of Bangladesh [J]. International Rice Research Newsletter, 12 (4): 29-30.

Nahar K, Kyndt T, Vleesschauwer D D, *et al.* 2011. The jasmonate pathway is a key player in systemically induced defense against root knot nematodes in rice [J]. Plant Physiology, 157 (1): 305-316.

Perry R N. 1995. Rice stem nematode *Ditylenchus angustus* development and survival [J]. International Rice Research Notes, 20 (2): 21-22.

Plowright R A, Gill J R. 1994. Aspects of resistance in deepwater rice to the stem nematode *Ditylenchus angustus* [J]. Fundamental & Applied Nematology, 17 (4): 357-367.

Plowright R A, Grayer R J, Gill J R, *et al.* 1996. The induction of phenolic compounds in rice after infection by the stem nematode *Ditylenchus angustus* [J]. Nematologica, 42 (5): 564-578.

Prasad J S, Varaprasad K S. 2002. Ufra nematode, *Ditylenchus angustus* is seed borne [J]. Crop Protection, 21 (1): 75-76.

Rahman M F. 2003. Ufra—a menace to deepwater rice [M] // Trivedi P C. Advances in Nematology. Jodhpur, India: Scientific Publishers.

Rahman M L, Evans A A F. 1987. Studies on host-parasite relationships of rice stem nematode, *Ditylenchus angustus* (Nematoda: Tylenchida) on rice, *Oryza sativa* L [J]. Nematologica, 33 (4): 451-459.

Rahman M L. 1996. Ufra disease management in rainfed lowland and irrigated rice [J]. Bangladesh Journal of Botany, 25 (1): 13-18.

Ramette A, Frapolli M, Fischer-Le S M, *et al.* 2011. Pseudomonas protegens sp. nov. widespread plant - protecting bacteria producing the biocontrol compounds 2, 4-diacetylphloroglucinol and pyoluteorin [J]. Systematic & Applied Microbiology, 34 (3): 180-188.

Rathaiah Y, Das G R. 1987. Ufra threatens deepwater rice in Majuli, Assam [J]. International Rice Research Newsletter, 12 (4): 29.

Sein T, Zan K. 1977. Ufra disease spread by water flow [J]. International Rice Research Newsletter, 2 (2): 5.

Sein T. 1977a. Varietal resistance to ufra disease in Burma [J]. International Rice Research Newsletter, 2 (2): 3.

Sein T. 1977b. Seed-borne infection and ufra disease [J]. International Rice Research Newsletter, 2 (2): 6.

Sein T. 1977c. Testing some pesticides against ufra disease [J]. International Rice Research Newsletter, 2 (2): 6.

Seshadri A R, Dasgupta D R, 1975. *Ditylenchus angustus*. C. I. H. descriptions of plant-parasitic nematodes. Common-wealth Institute of Helminthology *Set* 5, *No.* 64. Wallingford, UK: CAB International.

USDA (U. S. Department of Agriculture, Animal Plant Health Inspection Service, Plant Protection and Quarantine), 2011. New Pest Response Guidelines: *Ditylenchus angustus* (Butler) Filipjev; Rice stem or Ufra nematode. Washington, D. C.: Government Printing Office.

Vallad G E, Goodman R M. 2004. Systemic acquired resistance and induced systemic resistance in conventional agriculture [J]. Crop Science, 44 (6): 1920-1934.

Van Wees S C, Pieterse C M, Trijssenaar A, *et al.* 1997. Differential induction of systemic resistance in Arabidopsis by biocontrol bacteria [J] Molecular Plant-Microbe Interactions, 10 (6): 716-724.

Vuong HH, Rabarijoela P. 1968. Note préliminaire sur la présence des nématodes parasites du riz à Madagascar: *Aphelenchoides besseyi* Christie 1942, *Ditylenchus angustus* (Butler, 1913) Filipjev, 1936 [J]. L' Agronomie Tropicale, Nogent, 23: 1025-1048.

Vuong H H. 1969. The occurrence in Madagascar of the rice nematodes. *Aphelenchoides besseyi* and *Ditylenchus angustus*. In: Peachey, J. E. (ed.) [M]. Nematodes of Tropical Crops. Technical Communication No. 40. Commonwealth Bureau of Helminthology, St Albans, UK, 40: 274-288.

第五章　水稻潜根线虫

水稻潜根线虫病是由潜根线虫（*Hirschmanniella* spp.）引起的一类重要水稻根部病害。据报道，全世界58%的水稻遭受潜根线虫的侵染，引起的产量损失达25%，严重时可达到40%（Jonathan & Velayutham，1987；Luc *et al.*，1990）。潜根线虫隶属垫刃目（Tylenchida），垫刃总科（Tylenchoidea），短体线虫科（Pratylenchidae），潜根线虫属（*Hirschmanniella*）。迄今共计发现并正式描述的潜根属线虫大约有35个种，其中超过半数以上是在水稻根部发现或寄生水稻根部（Siddiqi，2000；OEPP/EPPO，2009），其中，寄生于水稻的潜根线虫种类统称为水稻潜根线虫（rice root nematode），目前证实至少有7种潜根线虫会对水稻造成为害，包括水稻潜根线虫（*H. oryzae*）、贝尔潜根线虫（*H. belli*）、伊玛姆潜根线虫（*H. imamuri*）、墨西哥潜根线虫（*H. mexicana*）、刺尾潜根线虫（*H. spinicaudata*）、细尖潜根线虫（*H. mucronata*）和纤细潜根线虫（*H. gracilis*）等（Luc *et al.*，1990）。

一、水稻潜根线虫的发生分布与经济为害性

1. 地理分布

水稻潜根线虫病在世界水稻产区广泛分布，该病害最早于1902年在印度尼西亚发现（Ou，1981），随后美国、日本、越南、泰国、菲律宾、缅甸、斯里兰卡、孟加拉国、印度、马来西亚、马尔加什、尼日利亚、塞拉利昂、委内瑞拉等地都有发生记载（Sher，1968）。国内寄生水稻的潜根线虫最早在贵州和广东省发现（尹淦镠和冯志新，1981），随后冯志新等（1983）报道了水稻潜根线虫病

害在广东、广西、云南、湖北、浙江、福建、陕西等水稻产区均有发生，且虫口数量很多，刘存信（1989）报道我国水稻重病田约有 10 多万亩。目前，我国大陆已报道有潜根线虫的有 18 个省、自治区、直辖市（Liao *et al.*，2000）。水稻潜根线虫病害在我国极为常见，只是各水稻产区发生程度不同，通常在双季稻产区发生普遍，为害也比较严重。

2. 发生特点

潜根线虫通常以混合种群的形式发生，即一块稻田甚至一株水稻根部存在 2 种或 2 种以上的潜根线虫。在大多数种植稻属作物的国家，一般由 2 种潜根线虫构成不同组合。Sher（1968）比较了不同国家和地区稻作上的组合模式，除美国之外，其他国家的组合通常其中一个种是分布最广和最常见的 *H. oryzae*，而另一个种一般则是各地所特有的种。如印度、印度尼西亚、日本和尼日利亚的稻田中潜根线虫除 *H. oryzae* 之外，另外一个特有的种分别是 *H. mucronata*、*H. thornei*、*H. imamuri* 和 *H. spinicaudatus*。张绍升（1987）报道福建稻田潜根线虫的常见种为 *H. oryzae* 和 *H. microtyla*。安徽省的两个优势种分别为 *H. oryzae* 和 *H. caudacrena*（吴慧平等，1999）。Liao 等（2000）对我国 17 个省份共 521 份水稻根部线虫样本进行了系统性的鉴定研究，共发现 16 种潜根线虫，其中 *H. oryzae* 发生最为普遍。此外，*H. microtyla*、*H. mucronata* 和 *H. caudacrena* 也普遍发生，甚至在某些地块种群密度超过 *H. oryzae*。胡先奇等（2004）调查鉴定了云南水稻上的 10 种潜根线虫，优势组合为 *H. oryzae* 和 *H. imamuri*。最近有报道江苏省农业科学院水稻实验田的潜根线虫优势种为 *H. mucronate*（冯辉等，2016）。

潜根线虫的田间种群结构和群体密度，与耕作制度、土壤类型、海拔、稻作类型等因素密切相关。汪家旭等（1999）在福建近海边稻田中发现海草潜根线虫，但在其他内陆稻田中始终未发现，认为生态环境等因素一定程度上影响潜根线虫的虫口构成。殷友琴等（1984）发现水稻根内线虫数量随着海拔的上升而下降。胡先奇等（2004）认为海拔和纬度均能影响云南稻田潜根线虫的种类分布，且海拔与潜根线虫种类分布的关系更为密切，也与栽培的稻作类型如籼稻、粳稻有一定关系。此外，潜根线虫的分布与土壤类型和地理差异有关，同一水稻品种在不同土壤类型的水稻田中发生量有差别（张绍升，1999）。

3. 经济为害性

水稻潜根线虫以迁移性内寄生的方式寄生于水稻根系，在皮层薄壁组织里游动取食，造成空洞化及形成细条状褐斑，严重时腐烂，进而造成稻苗早期生长受阻，分蘖率和有效穗率降低。潜根线虫更是导致中低产田水稻早衰的重要因素（张绍升等，1998）。据报道，遭受潜根线虫病为害的水稻一般减产25%，严重时可达到40%。室内盆栽试验结果表明，在一定范围内稻根中的虫口密度与接种虫量呈显著正相关，水稻整株鲜重、根重、有效分蘖数、千粒重及产量均随接种虫量的增加而递减，每克根有15头潜根线虫，可以作为生产上的防治指标之一（殷友琴等，1996）。细尖潜根线虫 *H. mucronata* 在5 000条/株的接种量下，引起水稻最高产量损失可达70%（Panda & Pao，1971）。伊玛姆潜根线虫 *H. imamuri*、水稻潜根线虫 *H. oryzae*、刺尾潜根线虫 *H. spinicaudata* 在接种量大于1 000条/株时，能使水稻IR8产量降低31%~37%（Babatola & Bridge，1979）。水稻潜根线虫在水稻IR20苗期按每克土1条、10条接种，产量损失率分别26.94%和39.42%（Jonathan & Velayutham，1987）。张绍升等（1998）接种试验证实，潜根线虫侵染对水稻产量的影响主要体现在减少有效穗和降低谷粒重。水稻返青期为感病期，这一时期每株稻苗分别接种潜根线虫300条和470条，产量分别减少8.8%和13.5%。

二、生物学特性及发生规律

1. 寄主种类

潜根线虫寄主范围较为广泛，可在50多种植物和杂草上寄生，最主要的寄主作物是水稻，以及稻田中的禾本科和莎草科等野生寄主（殷友琴等，1984；林秀敏等，1995；张绍升，1999）。此外，潜根线虫在菱白、芋、莲子、甘蔗、荸荠、陆地棉、番茄、玉米、小麦等作物根部也有报道发现（张绍升，1999）。

2. 生活史

水稻潜根线虫生活史经历卵、幼虫（L1~L4）和成虫三个阶段，其中幼虫期根据蜕皮可分为一龄幼虫（L1）、二龄幼虫（L2）、三龄幼虫（L3）和四龄幼虫（L4）。水稻潜根线虫在不同地区生活史因环境条件而异，在印度北部一年仅1代，日本2代，塞内加尔发生3代，在爪哇繁殖达13代之多（Luc *et al.*，1990）。福建三明地区农科所盆栽观察为2代（张绍升，1999）。Mehmet（2004）研究了室内无菌环境下水稻潜根线虫的生活史和交配行为（表5-1）。

表5-1　水稻潜根线虫生活史（Mehmet，2004）

发育阶段（雌虫）	发育期（天）	体长[a]（mm）	发育阶段（雄虫）	发育期（天）	体长[a]（mm）
一龄幼虫	1	0.38	一龄幼虫	1	0.30
第一次蜕皮	1		第一次蜕皮	1	
二龄幼虫	3	0.57	二龄幼虫	3	0.50
第二次蜕皮	2		第二次蜕皮	2	
三龄幼虫	4	0.71	三龄幼虫	4	0.62
第三次蜕皮	3		第三次蜕皮	3	
四龄幼虫	7	1.06	四龄幼虫	7	0.92
第四次蜕皮	6		第四次蜕皮	6	
交配、产卵、取食	3	1.39[b]	交配、取食	6	1.12[c]
胚胎发育	3				

a. 总体长（5次重复的平均值）；b. 雌成虫；c. 雄成虫。

28℃条件下完成从二龄幼虫到二龄幼虫的整个生活史用时33天。二龄幼虫接种水稻后1.2h侵入根尖开始取食。取食持续12~24h后，二龄幼虫呈C型或闭环型，不能移动。第二次蜕皮发生在接种后3天，该过程最明显的变化在食道区域。在最初的12~24h，口针杆部、食道内腔和中食道球逐渐显现变得可以区别。幼虫躯体开始变长并形成新表皮，与旧表皮开始分离。幼虫利用口针每隔 5~15s 不断刺破旧表皮，最终摆脱旧表皮的束缚重新恢复迁移能力。第二次蜕皮总共要持续 2 天时间，成为三龄幼虫后恢复取食。在接种 9 天后三龄幼虫进入第三次蜕皮阶段，这个阶段要持续 3 天，成为四龄幼虫。四龄幼虫又开始在寄主根系取食，紧接着是第四次蜕皮。在接种后的第 19 天，幼虫发育为成虫雄虫形成生殖腺、交合刺和交合伞，雌虫形成生殖腺和阴道，该过程持续时间为 6 天。在合适的条件下，雌雄虫完成交配，交配完成后他们将继续取食。同时，卵在雌虫体内形成并清晰可见。在雌虫开始产卵之前，他们停止取食并变得行动缓慢。在接种第 27 天时第一个卵被排出。卵先孵化一龄幼虫，随后在卵壳内经历第一蜕皮发育成具有运动能力的二龄幼虫，至此形成一个完整的生活史。

3. 侵染循环及传播途径

潜根线虫主要在未腐烂的稻茬根内及田间杂草根内越冬，在自然条件下，线虫随田间病土、秧苗和灌溉水传播引起再侵染。翌年早稻播种和插秧后，线虫开始活动并移动到新鲜幼嫩新根周围钻蛀，当秧苗长至二叶一心时，线虫开始大量侵入根系，在秧苗三叶一心时，达到侵入高峰。具有移动能力的幼虫和成虫都可以侵入寄主，但幼虫高于成虫，雌虫高于雄虫，且高龄幼虫明显多于低龄幼虫（殷友琴，1984）。在湖南、湖北、广东、浙江等双季稻产区，一年内有 2 次侵染高峰，分别出现在早、晚稻抽穗后期，且晚稻虫口密度大大高于早稻（王义成等，1992）。水稻潜根线虫的各龄期幼虫和雌、雄成虫均可以越冬，但以雌虫为主，占比达到 65%左右，晚稻收获后，稻茬根内各龄幼虫及成虫成为次年田间初侵染虫源（王义成等，1992）。

4. 为害症状

潜根线虫从水稻幼嫩根尖端部侵入，渐移动进入根内皮层和中柱之间吸取营养，在根外表肉眼不易看见变色部分，但在双目解剖镜下，可以看到线虫侵入的小孔洞，孔洞的周围常变黄褐色。随着线虫的大量入侵及移动取食，根系皮层细胞受到广泛破坏，根外皮层和中柱之间皮层薄壁组织呈褐色，2~3 个月后稻根变黑腐烂。由于潜根线虫寄生于水稻根内，影响根系对水分及营养的吸收，从而使水稻根系生长变弱。一般情况下，田间植株无明显症状。危害严重时，稻田前期和中期表现植株矮小，分蘖减少，叶片发黄，抽穗和开花延迟（图 5-1），后期表现为早衰（Bridge *et al.*，1990；张绍升等，1998）。潜根线虫侵染使水稻生长后期出现根系腐烂是引起水稻早衰的重要因素（张绍升等，2011）。

图 5-1　潜根线虫侵染为害症状（左图为地上叶部；右图为地下根部）

（引自 http：//nemaplex. ucdavis. edu/Taxadata/G061s2. aspx）

5. 致病机制

潜根线虫利用其口针以一定的角度穿刺水稻细胞，进入根表皮的薄壁组织的细胞内或细胞间取食或移动，造成机械损失。潜根线虫在根组织细胞内取食，造成细胞壁的崩溃，形成巨形细胞或空腔（Bridge *et al.*，1990）。该线虫对主根根尖生长的影响较大，部分生长停止，根尖周围产生大量侧根。取食及侵染点周围的一个细胞出现坏死。在染色的根内可观察到从侵染点向里的一段虫道内的损伤，最终线虫周围出现崩溃的细胞。由于水稻的通气组织适合水生环境，使氧气能从叶片到达根部而潜根线虫常出现在通气组织内，因而对水稻的损害也可能包括限制氧气的通过（Babatola，1979）。

6. 环境适应性

潜根线虫与大多数植物寄生线虫类似，不耐高温和干旱，在 49～51℃条件下，10min 致死率达到 100%。但在自然条件下，水稻潜根线虫的抗高温能力强而抗低温能力弱，在 40℃的温度中可以存活 1 个月左右，在-3～-1℃中只能存活 30 h；在 5～22℃的温度下，浸于水中的线虫能存活 165～240 天（林代福，1990）。潜根线虫发育繁殖的最适温度为 24～28℃，在休闲的稻田水稻潜根线虫可以在 35～45℃的高温和 8～12℃的低温中存活（Mathur and Prasd，1973）。在缺乏寄主的潮湿稻田，水稻潜根线虫至少能存活 10 个月，12 个月后种群才可能消失。在干燥条件下线虫进入休眠而延长存活时间，水稻潜根线虫在干湿交替的稻田中可以存活 12 个月以上（Bridge *et al.*，1990）

水稻潜根线虫对酸碱度有广泛适应能力，pH 值为 2.2 水中存活 10～15 天；pH 值为 5.0～9.2 适宜线虫生存，存活期 90～270 天；在 pH 值为 12.4 水中存活 20～30 天（林代福，1990）。此外，还发现水稻潜根线虫、伊玛姆潜根线虫和刺尾潜根线虫 25℃能在 pH 值为 3.0～9.0 中生存，厌氧条件下能在广泛的 pH 值范围内生存（Babatola，1981）。

三、检测技术

1. 形态学方法

潜根属线虫模式种 *H. spinicaudata* 的主要形态特征：虫体细长（0.9～4.2mm），雌雄同型，侧区有侧线 4 条，通常侧区部分形成网格。头部低、前端平或头部较高、呈半球形，头部连续、有环纹，头骨架显著。口针强壮，基部球大；中食道球发达，后食道腺细叶状、从腹面长覆盖肠。雌虫双生殖腺、对伸，尾呈长圆锥型（$c'>3$），尾端尖或有尾尖突。雄虫有交合伞；引带不伸出或略伸出泄殖腔，尾型似雌虫（谢辉，2005）。

水稻潜根线虫 *H. oryzae* 虫体较小，圆筒形，体细长，唇区低，前端平，边缘圆，口针基球圆，中食道球卵圆形，排泄孔位于肠食道瓣膜以后，阴门唇稍突起，全身环纹密布，仅尾部环纹显著，侧尾腺孔至尾尖环纹大于 12，尾端具复刺。水稻潜根线虫 *H. oryzae* 与模式种 *H. spinicaudata* 的主要区别是体型相对较小，口针较短，肠与直肠不重叠，尾部腹突比较明显（图 5-2）（梅圆圆，2008）。

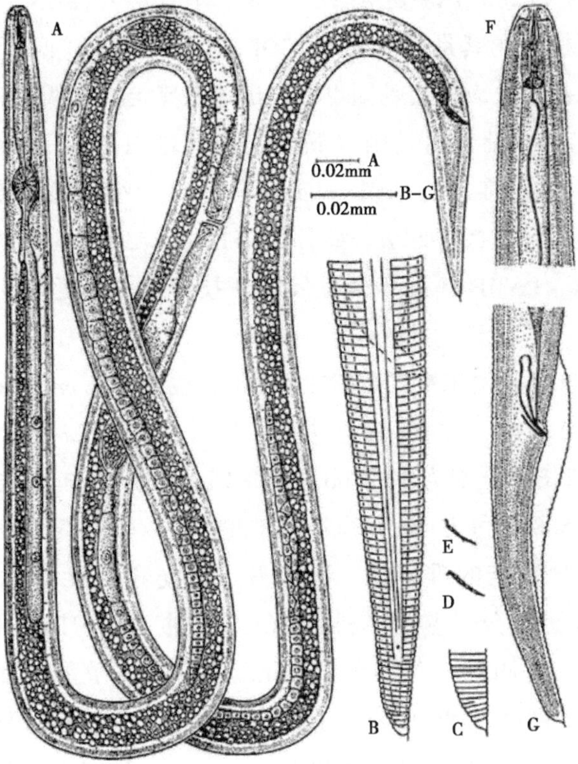

图 5-2　水稻潜根线虫形态

（A）雌虫；（B）雌虫尾部；（C）雌虫尾端；（D，E）雌虫引带；（F）雄虫前端；（G）雄虫尾部（引自 Sher，1968）.

2. 分子检测技术

随着分子生物学技术的发展，基于 DNA 的分子检测技术越来越多地应用于植物线虫鉴定研究，可以对线虫进行更快速、稳定和准确的检测和鉴定。核糖体 DNA（rDNA）是最常用来做鉴定的靶标序列，rDNA 是线虫中最早被鉴定的序列之一，且该区段是多拷贝序列，容易扩增。其中，核糖体 DNA 内转录间隔区（ITS）是使用最多的区段。除了 ITS 外，rDNA 中的 18S RNA 基因和 28S RNA 基因中的 D2D3 区也在植物线虫的分类鉴定中有较广范的使用。相对于 ITS，18S RNA 和 28S RNA 更为保守。线粒体 DNA（mtDNA）是许多动物分类鉴定的重要靶标，尤其是 mtDNA 的 COI 基因。除了 rDNA 和 mtDNA 外，其他一些看家基因甚至效应蛋白基因也被尝试用来鉴定植物线虫，例如热激蛋白 90 基因（*Hsp*90）、主精蛋白基因（*Msp*）、肌动蛋白基因（*Actin*）、分支酸变位酶基因（*Cm*）和纤维素酶基因（*Eng*）等。对这些序列直接进行测序比对是鉴定线虫种类的一种有效方法。此外，RFLP、RAPD、SSR 等分子标记技术及荧光定量 PCR、LAMP 等近年来发展的新技术也被广泛应用于植物线虫的鉴定。

刘金华等（2008）对采自广东省的水稻潜根线虫（*H. oryzae*）和尖细潜根线虫（*H. mucronata*）的 rDNA ITS 序列进行了扩增比对。*H. oryzae* 和 *H. mucronata* 的 rDNA ITS 序列长度分别为 1301 bp 和 1082 bp，与 GenBank 数据库中对应的 *H. oryzae*（DQ309588）和 *H. mucronata*（DQ309589）ITS 序列相似率均达到了 98%，表明形态学鉴定的准确性。冯辉等（2016）对江苏的细尖潜根线虫 *H. mucronata* 群体进行分子鉴定，利用 PCR 分别扩增了 ITS-rRNA、28S rRNA D2-D3 扩展区、18S rRNA、细胞色素氧化酶 COI 和热激蛋白 Hsp90 序列。28S rRNA 的 D2-D3 扩展区、18S 部分、ITS、COI 和部分 Hsp90 编码序列均产生单一的条带，测序大小分别为 965 bp、928 bp、805 bp、753 bp、441 bp 和 377 bp。通过与登录于 NCBI 数据库的序列进行比对，获得的江苏分离群体 28S rRNA D2-D3 扩展区与 NCBI 上登录的其他潜根线虫相似性为 70% ~86%，而 18S rRNA 序列与数据库中 2 个细尖潜根线虫种群（ KP179330 和 KP179332）相似性均为 96%，与其他潜根线虫相似性达 92% ~99%。*H. mucronata* ITS 序列与中国台湾和比利时分离群体具有高度相似性。梅圆圆（2008）建立了潜根线虫的 PCR-RFLP 分子鉴定方法，利用两种限制性内切酶（*Eco*R I，*Pst* I）对混合虫体的 ITS 序列进行酶切，酶切电泳图谱可以有效区分 *H. oryzae*、*H. mucronata* 和 *H. gracilis* 三种潜根线虫。

四、综合治理技术

根据水稻潜根线虫的发生发展规律及其越冬（夏）场所，改善耕作方法是防制本病的关键措施. 现已查明本类病原越冬（夏）的场所都在稻茬和寄主植物根部，同时这类病原不耐干燥，易被紫外光和直射光杀死的特性。因此稻田翻耕、晒干根土会使虫口大量减少，若在冬夏季翻耕时清除稻茬和寄主植物根系烧毁，更能达到消灭侵染来源，避免病害的目的。

1. 农业防治

（1）作物轮作

轮作是对潜根线虫的十分有效的防治措施。田间调查和人工接种试验证明，辣椒、番薯、白菜、葱等蔬菜，以及豇豆、木豆、大豆、花生、高粱和烟草等都是潜根线虫的非寄主作物，可作为与水稻轮作的对象，能有效降低田间线虫群体和提高水稻产量。在水稻与茄科作物轮作的田块，水稻潜根线虫群体会下降94%，同时根结线虫群体也能下降98%（Ramakrishnan，1995）。张绍升等（1998）测定了烟草—水稻轮作比水稻连作两种模式对水稻产量的影响，测产结果表明烟后作稻比稻后作稻增产达到40.83%。

（2）冬翻冬种

潜根线虫主要在稻根及田间杂草根部越冬，次春再侵染早稻秧苗和移栽早稻根系，早稻收割后转移侵染晚稻，同时这类病原不耐干燥，易被紫外光和直射光杀死。因此稻田翻耕、晒干根土会使虫口大量减少，若在冬夏季翻耕时清除稻茬和田间禾本科及莎草科杂草根系，更能达到消灭侵染来源，避免病害的目的。此外，冬种作物种类与潜根线虫发生量也有密切关系。冬种菜心及冬季翻耕晒白均能使稻田幼苗受潜根线虫侵染数量下降82.9%及33.9%，增产25.7%及11.5%（高学彪等，1998）。在我国华南热区，采取夏季水稻—冬季蔬菜种植模式是防治潜根线虫病害经济有效的方法。

（3）稻草回田

水稻收获后将稻草切碎还田，能改善土壤理化性质、改变稻田中线虫的群落结构，减少潜根线虫的数量。据调查，连续4年稻草回田后，稻田内腐生线虫增加2.2倍，潜根线虫减少53.3%；大面积试验结果表明，稻草回田量为7 500kg/hm^2，稻谷产量为10 320kg/hm^2，增产率17.31%（张绍升等，1998）。

（4）提高土壤肥力

在塞内加尔经小区对比试验证实，在不施肥的条件下收获期水稻潜根线虫群体达3 200~6 000条/dm^{3}土壤或5~300条/g根时，可以减产42%（Bridge *et al.*，1990）。插秧前增施石灰氮能使收获期虫量下降0.26%，增产3.05%（张绍升等，1998）。也有研究表明肥料的施用将同时增加产量及潜根线虫数量（Singh *et al.*，1990）。最新的研究表明施用氮肥对土壤中的线虫种群无明显影响，但当每公顷施N量为80kg时，数量有所增加。尽管增施肥料能平衡由潜根线虫引起的损失，但过量施肥过量将导致小穗不实及植物生理紊乱（Poussin *et al.*，2005）。

2. 耐病品种的利用

在对水稻与潜根线虫的相互关系研究中，尚未见到某一水稻品种对潜根线虫免疫的报道。由于还没发现真正的抗性品种，寻找耐病品种就显得十分重要（谢志成，2007）。不同的水稻品种（组合）对于潜根线虫的侵染在耐病性方面有明显的差异，在室内接种后，损失程度表现为粳稻>籼稻（常规稻）>糯稻>杂交稻（张绍升等，1998）。在日本，由于潜根线虫的广泛分布，使得几乎每个分蘖根部都受到侵染，因而认为分蘖较多的品种可能对潜根线虫具有抗病或耐病性。Babatola（1979）曾以包含国际水稻所IR5、IR8、IR20、IR22在内的来自不同国家的42个品种对水稻潜根线虫 *H. oryzae* 的抗性进行试验，根据繁殖率不同，分为高感、中感、感及不感4种情况，结果所有品种均表现为感病，但程度有所不同。我国河南省曾于1980—1983年调查对38个水稻品种的抗性进行田间调查，未发现免疫品种，但根部潜根线虫侵入量具有明显差异（殷友琴和李学文，1984）。

3. 化学防治

在水稻生长期施用杀线虫剂对水稻潜根线虫都有一定防治效果（Bridge *et al.*，1990）。但在人们越来越重视环境问题和无公害食品生产的今天，许多对环境污染严重，对人、畜健康有害的高毒、高残和“三致”的化学杀线虫剂已陆续在许多国家和地区被禁用，如曾被广泛应用于稻田防治的药剂呋喃丹。

药剂防治增产效果不同类型的稻田表现差异。在晚稻返青期选择山坡田、烂泥田和灰砂田进行药剂防治试验，稻谷增产率山坡田为19.3%、烂泥田为12.9%、灰砂田为2.93%（张绍升，1999）。同时，在不同生育期施药其防治效果差别很大。张绍升等研究证实，水稻潜根线虫的药剂防治适期为水稻返青期至始蘖期，其次为移栽期。晚稻可以提倡秧苗期药剂防治，早稻秧田期防治效果差。

国内外实验业已证明杀线虫剂防治潜根线虫病，可以有效提高水稻产量，但目前对施药时间和次数看法不一致。林秀敏等（1995）根据本类病原的消长规律，提出在播种和插秧前药物防治2次时间最佳。潜根线虫在苗期1叶包心时就开始侵害秧根，此时施药量少（秧田面积小）并可将病害消灭于早期，起到防病除害的效果。调查表明水稻潜根线虫越冬（夏）都在水稻和寄主植物根部。稻田插秧前耕耙结果促使大量潜伏于根内的病原散播出来。因此插秧前田间施药杀虫效率最高。在秧期施药组的秧根比对照组秧根的虫口减少率为80.2%~82.6%，稻田插秧前施药30d后虫口减少率为83.3%~94.4%。

五、存在的问题及展望

在多种水稻线虫病害中，潜根线虫无疑是发生最为广泛，且在经济上最为重要的病原之一，被认为是导致山区水稻中低产田水稻早衰的主要生物因素之一。然而，目前该类病害的有效防治仍然面临着极大的挑战，一方面，潜根线虫病害危害特点更具隐蔽性，绝大多数情况下仅根部受侵染出现微小斑点，极容易受到种植户的忽视，甚至部分植保工作者也缺乏对该病害的足够重视，不利于该病害的前期预防和早期有效治理；另一方面，潜根线虫种类较多，而且在田间几乎百分之百以混合种的形式出现，相关致病性、田间消长动态、寄主抗（耐）病性等表现差异明显，也加大了该病害的防治难度。此外，化学防治虽然能有效控制病害的发生，但经济成本高，同时也存在药物残留和环境污染的问题，无法大面积推广应用。在今后的研究中，应进一步深入了解潜根线虫病原生态学和生物学特性，制订经济、高效和无公害的防治方案，同时加强田间产量损失与线虫为害调查，以避免或减轻这一病害长期存在所带来的产量损失。

（撰稿：龙海波，冯推紫，裴月令）

参考文献

陈殿羲，倪蕙芳，颜志恒 . 2006. 稻穿根线虫 *Hirschmammiella oryzae* 丛及新记录种 *Hirschmammiella mucronata*（Nematoda：Pratylenchidae）在台湾稻田之分布［J］. Plant Pathology Bulletin. 15（3）：197-210.

冯如珍 . 1986. 水稻潜根线虫病的分布和发生消长的初步研究［J］. 广西农学院学报，2：57-62.

冯志新，黎少梅 . 1983. 我国发现水稻潜根线虫病［J］. 广东农业科学，5：36-37.

高学彪，周慧娟，冯志新 . 1998. 几种农业措施对水稻潜根线虫病的防治作用及机理的研究［J］. 华中农业大学学报，17（4）：331-334.

胡先奇，余敏，林丽飞，等 . 2004. 云南水稻潜根线虫种类及生态分布研究［J］. 中国农业科学，37（5）：681-686.

刘存信 . 1989. 植物寄生线虫在我国的为害特点［J］. 动物学杂志，24：51-54.

刘金华，罗舜殿，李小妮，等 . 2008. 潜根线虫分子鉴定及种群形态变异研究［C］//彭友良，王振中 . 中国植物病理学会学术年会论文集 . 北京：中国农业科学技术出版社 .

林代福 . 1990. 水稻潜根线虫生物学特性研究［J］. 植物病理学报，20（1）：

21-23.
林秀敏，陈清泉，陈桂西，等. 1995. 厦门地区水稻潜根线虫病流行学和防治［J］. 厦门大学学报，34（5）：805-810.
梅圆圆. 2008. 三种潜根线虫中间及种群内群体的形态学及分子鉴定研究［D］. 杭州：浙江大学.
汪家旭，潘沧桑. 1999. 潜根线虫的种类［J］. 厦门大学学报（自然科学版），38（2）：297-304.
吴慧平，杨荣铮，解宜林. 1995. 安徽省水稻潜根线虫种类鉴定及分布研究［J］. 安徽农业大学学报，2：239-245.
谢辉. 2005. 植物线虫分类学［M］. 合肥：安徽科学技术出版社.
尹淦镠，冯志新. 1981. 农作物寄生线虫的初步调查鉴定［J］. 植物保护学报，8（2）：111-126.
殷友琴，李学文. 1984. 水稻潜根线虫病的发生和防治研究［J］. 湖南农学院学报，3：61-70.
殷友琴，周慧娟，高学彪，等. 1996. 水稻潜根线虫侵染与水稻生长和产量损失的关系［J］. 华南农业大学学报，17（4）：14-17.
张绍升，谢志成，刘国坤，等. 2011. 潜根线虫侵染对水稻早衰的影响［J］. 福建农林大学学报（自然科学版），40（6）：566-569.
张绍升. 1999. 植物线虫病害诊断与治理［M］. 福州：福建科学技术出版社.
张绍升. 1987. 福建稻田潜根线虫七个种的鉴定初报［J］. 福建农学院学报，16（2）：155-159.
张绍升，李茂胜，严叔平. 1998. 水稻潜根线虫的致病性和综合防治技术［J］. 中国水稻科学，12（1）：31-34.
Babatola J O，Bridge J. 1979. Pathogenicity of *Hirchmanniella oryzae*，*H. spinicaudata*，and *H. imamuri* on rice［J］. Journal of nematology，11（2）：128-132.
Babatola J O. 1981. Effect of pH，oxygen and temperature on the activity and survival of *Hirschmamiella* spp.［J］. Nematologica，27：285-291.

Babatola O. 1979. Varietal reaction of rice and other food crops to the rice root neamtodes, *Hirschmanniella oryzae*, *H. imamuri* and *H. spinicaudata* [J]. Nematropica, 9 (2): 123-128.

Hollis J P Jr, Keoboonrueng S. 1984. Nematode parasites of rice [M]. In plant and insect nematodes, ed. WRNickle, pp. 95-145. New York: Dekker.

Hochholdinger F, Park W J, Sauer M, *et al.* 2004. From weeds to crops: genetic analysis of root development in cereals. Trends Plant Sci. 9: 42-48.

Jonathan E I, Velayutham B. 1987. Evaluation of yield loss due to rice root nematode *Hirschmanniella oryzae* [J]. International Nematology Newsletter, 4 (4): 8-9.

Liao J L, Feng Z X, Li S M, *et al.* 2000. Species of *Hirschmanniella* on rice and their distribution in China [J]. Nematologia Rediterranea, 28: 107-110.

Luc M, Sikora R A, Bridge J. 1990. Plant parasitic nematodes in substropical and tropical agriculture. London: CAB [J]. International, Institute of Parasitology: 86-88.

Mehmet Karakas. 2004. Life cycle and mating behavior of *Hirschmammiella oryzae* (Nematoda: Pratylenchidae) on excised *Oryzae sativa* roots [J]. Fen Bilimleri Derigisi, 25: 1-6.

Mathur V K, Prasad S K. 1973. Survival and host range of the rice root nematode, *Hirschmammiella oryzae* [J]. India Journal of Nematology, 3: 88-93.

OEPP/EPPO. 2009. *Hirschmanniella* spp. [J]. EPPO Bulletin, 39 (3): 369-375.

Ou S H. 1981. 水稻病害 [M]. 何家泌 (译). 北京: 农业出版社.

Panda M, Pao Y S. 1971. Evaluation of losses caused by the root nematode (*Hirschmanniella mucronanta* Das) in rice (*Oryza sativa* L.) [J]. India Journal of Agricultural Sicence. 41: 611-614

Poussin J C, Neuts T, Mateille T. 2005. Interaction between irrigated rice (*Oryza sativa*) growth, nitrogen amendments and infection by *Hirchmanniella oryzae*

(Nematoda: Tylenchoidea) [J]. Applied Soil Ecology, 29 (1): 27–37.

Sher S A. 1968. Revision of the gennus *Hirschmanniella* LUC & gOODEY, 1963 (Nematoda: Tylenchoidea) [J]. Nematologica, 14: 243–275.

Siddiqi M R. 2000. Tylenchida, parasities of plant and insects [M]. Slough, UK: Common Institute Parasitology.

Singh I, Sakhuja P K, Malhi S S, *et al.* 1990. Effect of nitrogen level an basamt: cultivars on population build-up of *Hirschmanniella oryzae* [J]. India Journal of Nematology, 20 (1): 119–210.